LA QUESTION AGRICOLE

ORGANISATION DE L'AGRICULTURE

COMICES, DOMESTICITÉ, CRÉDIT

BLOIS
IMPRIMERIE DE P. DUFRESNE, RUE PIERRE-DE-BLOIS, 14.

1866

AU LECTEUR

Je ne suis point un écrivain, on s'en apercevra sans peine. J'aime pourtant, dans l'occasion, exprimer mes idées sur tout ce qui tient à l'intérêt général, et particulièrement au bien-être physique et moral qui doit résulter pour tous d'une juste répartition des richesses du sol.

Fonctionnaire public et gratuit à divers titres depuis plus de quarante ans sans interruption, vivant dans l'obscurité plutôt que dans le monde, habitant par goût presque toute l'année, comme propriétaire agriculteur, un pays de landes naguères arriéré et malheureux et à peine encore engagé dans la voie du progrès, j'ai été à même, par mes fonctions comme par mes relations, d'étudier bien des hommes et bien des choses.

Rendre compte de quelques-unes de mes impressions à l'occasion des questions agitées sur les souffrances de l'agriculture a été un besoin qui a dominé mon insuffisance. Je demande pardon au lecteur de cette ambition et je réclame son indulgence en faveur des bonnes intentions qui l'ont fait naître.

J. PORCHER.

Mesnil (*Loir-et-Cher*), *septembre* 1866.

LA QUESTION AGRICOLE

Considérations Générales.

Les souffrances de l'agriculture sont aujourd'hui l'une des plus vives préoccupations de l'opinion publique, et cela se conçoit sans peine ; car c'est à elle qu'est dévolue, dans l'ordre de la nature, la divine mission de pourvoir à nos besoins les plus essentiels et les plus impérieux.

L'industrie, les sciences, les arts concourent sans doute avec elle aux besoins et aux joies de la vie, mais elle les domine par sa puissance d'action, et lorsqu'elle souffre tout languit et dépérit en même temps.

Et si, sourdes à l'écho des champs, certaines sommités sociales oublient dans le bruit des salons sa puissance ou veulent la braver, un malaise indéfinissable les ramène bientôt au deuil général, fussent-elles en possession de tout l'or du Roi de Lydie.

C'est que sans l'agriculture pas de solide gloire, pas de véritable richesse nationale. Elle en est la source la plus pure et la plus morale, de même que la base la moins faillible et la plus durable de la paix des nations, de la sécurité publique, des progrès sérieux et de la vraie liberté.

Le rétablissement, et mieux encore l'extension de sa prospérité, est donc une œuvre capitale qu'on ne peut plus différer sans s'exposer, tôt ou tard, à un désastre qui serait le plus funeste de ceux qu'ont à redouter les sociétés humaines.

Une pareille situation ne devait pas échapper à la haute sagacité de Napoléon III, dont la sollicitude éclairée et persévérante pour le bien-être matériel des masses ne saurait être mise en doute par personne. Le premier à la brèche, il appelle la lumière, et une enquête est ouverte pour que chacun, les grands comme les petits, puisse apporter sa pierre à l'édifice.

Les débats de l'adresse nous ont déjà quelque peu initiés à cette enquête : sur les souffrances de l'agriculture, pas le plus léger désaccord. La plaie en effet est trop profonde et trop saignante pour que le doute soit permis.

Il n'en est pas de même malheureusement des causes. Là commencent les divergences d'opinions; et lorsqu'on en vient au remède, à part quelques points généraux, on ne s'entend plus.

Nous ne voulons pas sonder les secrets intimes de ces divergences d'opinions. Produites dans les grands corps de l'état, au sein des élus de la nation, elles ne doivent, elles ne peuvent être qu'honorables et bonnes à consulter; tâchons d'en faire profit. Mais en attendant une utile solution, qu'il nous soit permis, à nous hommes des champs, agriculteurs pratiques, qui sommes sans cesse aux prises avec les difficultés innombrables et variées de la situation, d'indiquer nos plaies les plus profondes et les moyens que nous croyons les plus propres à les cicatriser.

Dans une question aussi grave, notre opinion sera d'un bien

faible poids assurément, dépourvue surtout de ce style élégant que tant d'autres possèdent et qui provoque les sympathies par le seul charme de la lecture; mais si modeste que soit notre tribut, ne pas l'offrir nous semblerait manquer à un devoir, alors qu'il s'agit des intérêts de plus de vingt-cinq millions de nos concitoyens.

Ce qui manque à l'Agriculture

Disons d'abord les choses qui, selon nous, manquent à l'agriculture pour favoriser les grands et nécessaires développements dont elle est susceptible. Ces choses sont nombreuses et nous n'avons pas certes la prétention de les indiquer ni même de les connaître toutes, nous nous bornerons seulement à signaler celles dont l'absence nous a paru le plus regrettable.

1° Un ministre spécial, avec un budget également spécial, et une sage et vigoureuse organisation dans laquelle seront retrempés les comices, qu'un fonctionnement imparfait appauvrit chaque jour.

2° Le repeuplement des campagnes par des moyens propres à y retenir les bras et à les y fixer.

3° Une loi règlementaire pour les domestiques à gages, l'obligation du livret pour eux et pour tous les ouvriers agricoles, une chambre de prudhommes pour juger les différends entre maîtres et ouvriers, et des dispositions législatives ouvrant de larges voies au travail en participation, qui, l'instruction aidant, deviendra bientôt une nécessité de la grande culture profitable à tous les intéressés.

4° L'extension et la viabilité des chemins ruraux et vicinaux, la création de chemins de fer départementaux, traversant les terres et les villages pour se rattacher aux grandes lignes déjà existantes, et à celles qu'on pourra créer.

5° Une meilleure répartition des impôts, qui, en frappant les meubles incorporels : Créances, actions et obligations, puisse dégrever d'autant la propriété foncière et l'industrie agricole, si lourdement chargées, sans apporter de perturbation dans le régime de nos finances.

6° Enfin et surtout une vaste institution de crédit où la propriété foncière et les exploitations agricoles puissent trouver satisfaction à leurs besoins selon leur importance et à un taux d'intérêt abordable.

Nous essayerons d'indiquer plus loin les moyens qu'on pourrait employer pour atteindre en partie ces résultats; mais auparavant, qu'on nous permette de dire quelques mots sur la grave question de l'échelle mobile qui a été si vivement et si savamment discutée au sein du Corps législatif.

L'échelle mobile

Nous ne dirons pas que les hommes éminents qui ont pris la parole pour ou contre l'amendement de M. Pouyer-Quertier avaient tous raison, mais nous ne pouvons nous empêcher de reconnaître que dans les hautes considérations qu'ils ont fait valoir, il y avait du vrai partout.

Si on part de l'état actuel de l'agriculture, de sa pauvreté d'action présente, il est évident que la suppression du droit d'importation, en contribuant (ce qui à nos yeux n'est pas douteux) à l'abaissement du prix du grain, lui cause un préjudice;

mais si nous la supposons libre d'entraves et notablement déchargée, la question change de face et se place sur son véritable terrain : *non pas vendre cher, mais vendre bon marché et produire beaucoup.*

Applaudissons donc, en fin de compte, à la loi si justement libérale de 1861 ; car ce serait vraiment amoindrir l'agriculture et les libertés qui s'attachent à son culte, que de l'abriter sous un droit protecteur dont le premier tort serait l'élévation du prix du pain. Ne sait-on pas qu'il y a encore en France plusieurs milliers de familles, qui, malgré le travail soutenu de chaque jour, ne peuvent en manger à satisfaction ?

Si la vie à bon marché, d'un problème qui a si longtemps ému et préoccupé la saine philanthropie, est en train de devenir un progrès, une réalité, gardons-nous d'y toucher si ce n'est pour l'étendre. Loin de fermer nos ports, faisons un reste d'efforts pour que le libre-échange ne trouve en Europe et dans le monde entier aucun obstacle ; il n'en peut résulter que du bien pour l'humanité ; et si, comme toujours, ce bien est mêlé de quelque mal, il sera facile aux gouvernements sages, nous essayerons de le démontrer, de le prévoir et d'en paralyser les effets.

Sans doute en laissant à nos frontières le libre passage des blés de Russie et des autres pays où le maintien du servage et de la mainmorte rend la production presque sans salaire, ce sera créer une rude concurrence pour l'agriculture française ; mais qui donc peut dire qu'elle ne la soutiendra pas ? surtout si, allégée de ses charges et pourvue de crédit, nous portons en sus à son avoir l'intelligence de nos cultivateurs, qui pourraient à ce moyen doubler le rendement de leurs terres, et les frais considérables de transport pour les blés étrangers du lieu de production à celui de consommation.

Cette concurrence n'aurait donc vraiment rien de bien alarmant ; mais en fût-il autrement, qui donc empêcherait nos cultivateurs d'amoindrir leur récoltes de céréales et de rendre, par compensation, l'étranger tributaire d'une masse d'autres produits qui lui manquent, et qui concourent en grande partie avec le pain aux besoins de la vie ?

Les racines, les plantes industrielles, fourragères et potagères ne sont-elles pas, nous le demandons à nos collègues, plus rémunératrices que le blé, qui ne donne généralement qu'un produit fort restreint et n'enrichit certains producteurs et spéculateurs que dans des cas de disette dont nous ne voulons plus, et qu'il faut bannir à tout jamais par la liberté ?

Non-seulement le sol français, par sa consistance et le degré de température de notre zone, offre plus que tout autre un large accès à ces produits, mais ce pourrait être pour la France une culture privilégiée, car elle ne peut être abordée avec succès que par des travailleurs libres et intéressés comme ceux qu'a fait naître chez nous la division de la propriété et dont sont encore privées les nations qui n'ont pas jusqu'ici reçu l'émancipation de quatre-vingt-neuf.

Nous pourrions dire, en citant plus d'un exemple, combien est prodigieux le rendement d'un hectare sous la main ingénieuse de ces cultivateurs que stimule l'intérêt privé.

Mais allons d'abord au-devant d'une objection qui est dans la bouche de chacun sans doute, et dont la gravité domine la question.

Si la France, qui consomme annuellement environ quatre-vingt-dix millions d'hectolitres de blé, n'en produit que moitié, plus ou moins, qui fournira le reste ?

Ne pouvons-nous pas être dans ce cas, soit par rupture de nos relations internationales, soit par défaut de récoltes dans les lieux d'approvisionnement ordinaires, soit même simplement par les calculs, souvent trop ingénieux, du trafic et de la spéculation, exposés à une épouvantable cherté, même à une affreuse disette ?

Il y a là évidemment un grand danger. Ne peut-on le conjurer? y apporter un remède vigoureux qui non-seulement arrête le mal, mais en fasse périr les germes, en tarisse la source?

Pour nous, nous sommes si désireux de voir à toujours le pain à bon marché et simultanément la prospérité de l'agriculture et la liberté du commerce, que nous avons fini par nous persuader que ce triple progrès était possible.

Nous construisons avec beaucoup de frais et une certaine splendeur des églises, des casernes, des palais pour nos grands commandements militaires; tout cela est bien sans doute; la Religion, pour les âmes élevées, est la sublime puissance, et sans son intervention, sans ses divins enseignements, les sociétés humaines s'abîmeraient bientôt sous le poids de leurs vices. Il lui faut donc des temples.

Il faut aussi loger nos armées puisqu'elles sont encore nécessaires, et les maintenir dans une position dign et respectable, en attendant qu'un jour Dieu nous prenne en pitié et, portant l'humanité à la hauteur de ses divins exemples, inspire à tous les peuples du globe des idées de paix et de fraternité qui amoindrissent d'abord et fassent disparaître ensuite ces restes de barbarie qui jurent si cruellement avec les progrès tant vantés de notre civilisation moderne.

Mais ne pourrions-nous pas aussi, par des raisons non moins impérieuses, construire d'une manière confortable, somptueuse si vous voulez, dans les grands centres de population, et, au besoin, dans chaque département, de vastes *docks* destinés à des approvisionnements de blé, qui formeraient une réserve annuelle, suppléant à point donné à sa rareté? Avec cette réserve annuelle, sagement, intelligemment distribuée sur nos marchés, et sur laquelle tout le monde s'habituerait à compter, plus de disettes possibles. Nos greniers publics, se vidant et se remplissant, maintiendraient, sans lui nuire, le commerce licite des grains dans un milieu nécessaire et donneraient toujours le temps de prévenir le mal ; car l'agriculture une fois mise en demeure, un an d'approvisionnement, en pareil cas, c'est toute une éternité.

Oh ! nous sentons parfaitement tout ce que cette grande mesure peut occasionner de frais et de soins au gouvernement ; mais aussi quels avantages pour le peuple ! quel résultat ! quel frein à ces disettes vraies ou fausses, souvent malveillantes, qui ont tant de fois ensanglanté la France, abruti les peuples et corrompu les nations !

Cela ne mérite-t-il pas une étude sérieuse et devons-nous aussi nous renfermer dans le *non possumus*, nous les fils de Napoléon Ier qui voulait faire rayer du dictionnaire de ses employés le mot *impossible* comme n'étant pas français ?

Nous croyons donc que l'œuvre n'est au-dessus ni des forces ni du bon vouloir de notre gouvernement. L'argent seul pourrait faire obstacle, mais qui empêcherait, dans ce cas, de créer une valeur spéciale ? des espèces de *warrants* représentant la valeur de nos blés en magasins et ayant cours comme les billets de banque, ce qui ne gênerait en rien nos services financiers ordinaires ?

On comprend que, modeste cultivateur, nous n'entendons pas donner ici une solution absolue. Les moyens d'action de semblables choses dépassent évidemment et de beaucoup nos forces. Ce que nous voulons ; c'est donner l'éveil et appeler l'attention des économistes et des hommes éminents que renferment nos assemblées législatives sur une question humanitaire de premier ordre.

Revenons maintenant aux choses que nous avons dit plus haut manquer à l'agriculture et essayons d'entrer dans quelques explications de détail pour en démontrer toute l'importance.

Tout cela sera bien imparfait, bien incomplet sans doute. Nous tâcherons pourtant de renfermer nos propositions, pour les faire mieux comprendre, dans une démonstration pratique ; car il n'y a vraiment rien de moins profitable pour la chose publique que ces théories élastiques et indéfinies touchant à tout, remuant tout, sous le couvert d'une facile et séduisante éloquence, et qui, mises en contact avec les moyens d'action, deviennent souvent méconnaissables, même pour leur auteur.

Organisation de l'Agriculture.

Parlons d'abord des Comices agricoles, si bien placés pour tout voir, si mal organisés pour agir, et disons, avant de nous expliquer sur leur valeur réelle, quelques mots sur la marche qu'ils ont suivie jusqu'à ce jour.

Les Comices, comme on le sait, nous viennent d'Angleterre, de ce pays qu'en France on n'aime guère sans trop savoir pourquoi ; car si certains privilèges épargnés, à tort peut-être, par la révolution de 1649 influencent encore sa diplomatie et lui donnent ces allures que nous connaissons et qui nous tiennent en défiance, même au milieu des plus vives protestations d'amitié, il n'est pas moins vrai qu'il y a entre les deux peuples d'intimes rapports de mœurs et de communes aspirations vers le progrès sérieux.

C'est à l'honorable M. De Cazes, l'un des meilleurs ministres de Louis XVIII que nous devons l'heureuse importation des Comices. Un rapport du mois de décembre 1819 de M. Huzard fils, membre de la société royale et centrale d'agriculture, qu'il avait envoyé en Angleterre pour les étudier, et une circulaire de M. Siméon, devenu trop tôt le successeur de M. De Cazes, en date du 22 mai 1820, sont à peu près leur acte de baptême.

Mais si l'enfant était né, il était loin encore de quitter les lisières. Les guerres trop récentes de la République et de l'Empire, ces deux grands consommateurs de chair humaine, l'ambition qu'à tous les étages faisait naître le gouvernement de la Restauration, dont chacun voulait être un peu parent, l'absence presque absolue de vicinalité, et l'imperfection des communications même postales, n'étaient pas certes des éléments bien propres au développement de ces humbles et paisibles assemblées rurales.

Ce n'est vraiment qu'en 1830 que les Comices agricoles ont commencé leur mouvement ascensionnel, et si les hommes de progrès de tous les partis y ont contribué, il est bon de remarquer que la plus large part en revient aux sommités légitimistes qui, retirées au fond de leurs terres, ont compris, vaut mieux tard que jamais, qu'en faisant de l'Agriculture on pouvait, là aussi bien qu'ailleurs, et peut-être mieux qu'ailleurs, servir son pays.

Nous avions alors un gouvernement de transaction, un *Roi Citoyen*, assis sur le trône de ses aînés, renvoyés, il le savait par une double expérience, pour avoir méconnu imprudemment les principes impérissables de 89.

Sa devise à lui était : *Liberté*, *Ordre public*, et à la faveur de ces deux grands mots, dont on lui supposait assez d'énergie pour maintenir la haute signification, il se trouvait d'accord avec la France et en paix avec l'Europe. Louis-Philippe songeait de plus à donner à la France un gouvernement à *bon marché*. C'était beaucoup promettre sans doute, mais la France le réclamait alors comme un dénoûment trop longtemps attardé et se croyait même quelque peu en droit de l'exiger.

Sous un gouvernement aussi favorablement posé, l'agriculture, cette arme de paix et de conciliation, ne pouvait manquer d'être invoquée comme nécessaire au bien-être général. C'était en effet un médiateur en même temps que l'un des plus puissants auxiliaires de la situation ; car il y a aux champs place pour tout le monde, et les champs ne sont d'aucun parti, si ce n'est de celui du bien public.

On vit donc à cette époque un mouvement inaccoutumé vers l'Agriculture, à laquelle chacun voulait tenir par un lien quelconque.

Les sociétés d'Agriculture qui n'étaient alors en quelque sorte que scientifiques, quelques-unes même simplement nominatives, se reconstituèrent et prirent une vie active plus conforme à leur destination.

C'est aussi à cette époque que nos Comices ruraux, encouragés par de nobles parrains (ce qui n'est pas aussi indifférent qu'on pourrait le croire dans notre pays de petites vanités), se multiplièrent et prirent une véritable consistance. Composés alors presque exclusivement, et sans arrière-pensée, *de propriétaires-agriculteurs et de simples cultivateurs*, ils firent, en suppléant par le zèle aux imperfections de l'institution, de louables efforts qui furent centuplés par la loi du 26 mai 1836 sur les chemins vicinaux ; loi qui, disons-le en passant et avouons-le humblement, en mettant en communication des hommes et des choses qui s'ignoraient, les habitants laborieux et intelligents des centres avec ceux de la plaine, a fait faire à l'agriculture plus de progrès que tous les comices ensemble.

Ce n'est pas la faute de ceux-ci, nous nous faisons un devoir de le répéter, s'ils n'ont pas fait tout le bien qu'on pouvait en attendre; c'est au vice de l'organisation qu'il faut s'en prendre.

Quels services sérieux peut en effet rendre à l'agriculture un Corps plutôt souffert qu'institué, marchant avec d'arbitraires allocations qu'on pourrait plus justement appeler des aumônes ; se créant, se modifiant et se reconstituant, aussi à peu près arbitrairement ; n'ayant jamais rien de bien déterminé dans l'ordre et le but de ses réunions, et délibérant sur toutes choses sans respect aucun pour les majorités, aussi bien avec quatre membres qu'avec cent. Nous avons vu quelquefois quatre ou cinq membres constituer à eux seuls un bureau qui en comportait six ; et, dans une autre occasion, trois membres entrés au comice en tirant simplement la *loquette*, se former seuls en bureau électoral, s'en créer président et scrutateurs, et, contrairement à l'ancienne méthode, qui avait au moins pour elle la spontanéité des discussions et des nominations, ouvrir un scrutin *secret*, en fixer arbitrairement la durée et la forme et annoncer, sans sourciller le moins du monde, qu'il n'était nul besoin que le Président à nommer fût un agriculteur. Il est vrai que sur ces trois membres un seul pouvait se donner ce titre.

Nous n'en finirions pas si nous voulions citer les irrégularités, les imperfections et même les *drôleries* qu'on rencontre dans nos comices, et qui leur font perdre ce caractère sérieux dont ils ne devraient jamais se dépouiller ; mais tout cela, empressons-nous de le dire, vient encore des vices de l'institution et non des membres, qui, généralement estimables, sont emportés, en quelque sorte malgré eux, dans le fonctionnement saccadé d'une machine privée de régulateur.

Ce n'est donc point aux hommes que notre blâme s'adresse.

Ce que nous voulons constater c'est l'impuissance des Comices à faire mieux que ce qu'ils ont fait, et constater cette impuissance, c'est indiquer leur déclin, leur fin même, s'ils ne sont retrempés dans une institution large et vigoureuse, plus en rapport avec les besoins de l'agriculture et les progrès croissants de la civilisation.

Qui pourrait dire, et en cela nous nous adressons avec confiance à nos collègues du temps, ce que les comices ont gagné en importance depuis quelques années, 1846, si vous voulez? A voir tout le bruit qui se fait aujourd'hui autour d'eux, ne dirait-on pas qu'ils n'ont plus d'autre but, d'autre mission que l'organisation et la splendeur des fêtes? on y met tout son temps, on y met tous ses soins; là semble se concentrer toute leur puissance d'action ot l'accessoire absorbe ainsi le principal qui n'est plus que l'ombre du tableau, la matière indispensable aux discours obligés.

C'est certainement une belle et bonne chose, digne de notre siècle éclairé, d'avoir fait prendre à l'agriculture un rang élevé dans le calendrier de nos fêtes publiques. Rien n'est assurément plus propre à la populariser.

Mais est-elle donc à son terme et si florissante que nous n'ayons plus qu'à vanter ses succès par d'opulents discours et de brillantes fanfares? hélas! la question aujourd'hui si pleine d'actualité soulevée à l'égard de ses souffrances, en est un amer démenti; et ce qui doit le plus nous alarmer, c'est le vide qui se fait chaque jour autour d'elle par la désertion de plus en plus croissante des hommes pratiques et sérieux qui, sans arrière-pensées, se sont voués à son culte, et que l'impuissance et le dégoût chassent de ses temples, tandis que d'autres y entonnent, sans règles ni mesure, des louanges à leur façon.

Les Comices, il faut bien nous l'avouer, ne sont dans leur fonctionnement actuel que le cadre doré d'un tableau à peine ébauché. Ils ne s'identifient pas assez profondément avec les besoins réels et toujours croissants de l'agriculture; les hommes spéciaux manquent à l'instruction véritable du cultivateur; le progrès ne s'y manifeste que par soubresauts, et beaucoup prennent l'ombre pour la chose.

Nous avons parlé de 1846 parce que c'est vers cette époque, ou à peu près, que les portes ouvertes à tous vents et à tous venants ont laissé quelque peu les marchands pénétrer dans le temple. Nous n'osons pas dire les ambitions politiques et personnelles, mais enfin il s'y est introduit beaucoup de visages inconnus, n'ayant pour tout bagage agricole que de banales théories étudiées de la veille et de beaux et longs discours; et quels discours? Ecoutez plutôt celui-ci :

« L'agriculture est la plus belle science du monde et l'une « des plus puissantes conquêtes de la civilisation. Ce qui a perdu « Rome c'est de l'avoir trop longtemps méconnue. Soyons plus « sages; car elle est aussi une noble profession; désormais, « grâce aux progrès acquis, le père de famille, quelle que soit « sa condition, ne sera plus inquiet sur le sort de ses enfants; « grands et petits, venez donc vers cette mère qui vous tend « les bras, il y a pour tous chez elle une place honorable « donnant toute satisfaction aux ambitions sociales *trop long-« temps égarées dans la recherche des fonctions publiques*; « et de plus gloire et profit... »

Sera-t-on bien étonné si nous disons que ce beau parleur qui n'avait pris place sur l'estrade agricole que pour s'imprégner quelque peu de l'odeur du fumier qu'on aime à sentir en certain lieu, sollicitait en même temps une survivance d'auditeur pour son aîné et une modeste place de substitut pour son cadet?..

Si à ces hommes qui n'ont pas le moins du monde l'intention de toucher à l'agriculture autrement qu'avec la langue, nous joignons ceux qui en font par vanité ou par amusement, ce qui est louable d'ailleurs, *mais sans compter;* et ceux dont le passage aux champs n'a été marqué que par les chûtes de l'imprévoyance, qui n'ont tiré de méthodes plus ou moins hasardées ni profit ni expérience, et qui au lieu d'en faire humblement l'aveu, se posent dans l'Etat-Major de l'agriculture et en parlent, eux aussi, avec une certaine emphase, sans s'apercevoir, les imprudents, que leurs paroles laissent à découvert des meurtrissures plutôt faites pour en éloigner leurs auditeurs que pour la faire aimer; — Quels enseignements peut-il donc résulter de tout cela pour nos simples cultivateurs, venus là dans l'espoir de trouver une solution aux difficultés du métier qui les tourmentent le plus? Aucun évidemment; leurs lèvres ont en vain, à part soi, balbutié vingt fois cette maxime sensée du bon Lafontaine dans la fable de l'Enfant et du Maître d'Ecole;

> Hé! mon ami, tire-moi du danger
> Tu feras après ta harangue.

Ils s'en retournent au logis comme ils l'ont quitté, en se réservant de s'amuser aux Comices et de chercher des exemples ailleurs.

On crie bien contre eux à la routine. Hélas! sont-ce les plus expérimentés, les plus éclairés de nos cultivateurs qui crient le plus haut? Et les innovations sont-elles donc toujours si fructueuses? Dieu merci, elles ne sont pas toutes repoussées; les succès obtenus en sont la preuve; mais qui est tenté de les accepter toutes sur la foi de ceux qui les proclament?

Portons toutefois à l'avoir des Comices le zèle et les encouragements sagement exprimés et profondément sentis des chefs de nos administrations départementales, quand ils veulent bien nous faire l'honneur de les présider, et le zèle incontesté de quelques-uns de nos collègues, malheureusement trop rares, qui ne prennent la parole que pour expliquer des faits acquis et dignes d'exemple; mais est-ce une suffisante compensation? cela peut maintenir les Comices encore quelque temps, mais non les faire marcher dans la grande voie du progrès, où ils devraient être depuis longtemps engagés.

En agriculture, où les inconvénients sont si nombreux et les bénéfices si douteux, il y a nécessité d'écarter les choses oiseuses et superflues, il faut que tout soit concis, précis et compris. C'est le doute qui nous tue : le doute sur les méthodes, vraies ou fausses, qui engendrent tant de désastres ; le doute aussi sur le mérite des lauréats, qui empêche beaucoup de cultivateurs sérieux de se présenter à la prime et qui leur fait laisser le champ libre à de plus hardis ou de plus audacieux concurrents ; aussi combien de ceux-ci sont dans une véritable voie de progrès et méritent l'ovation ? Nous laissons la réponse à ceux de nos collègues qui comme nous ont visité les fermes. Que de négligences, que de pertes à constater dans l'exploitation avant de signaler un succès !

Comices régionaux.

Si de nos humbles réunions cantonales nous remontons aux Comices régionaux qui certes relèvent, eux aussi, d'une bonne et fructueuse idée, la question, pour les hommes comme pour les choses, ne fait guère que changer de place. On trouve dans le monde officiel un peu plus de légalité, de solennité et de réserve, plus de maturité dans le travail ; mais là aussi, mêlés au personnel agissant, beaucoup de gens ne tenant pas assez directement, assez intimement à la science et aux pratiques agricoles.

Et au lieu d'humbles lauréats, nous avons dans ces grands comices de hardis jouteurs qui se lancent dans l'arène, excités par des sentiments si divers qu'il n'est pas toujours facile de les apprécier.

Les uns, par la seule envie de briller et de s'y faire un nom, comme dans un steeple-chase, y amènent des produits d'une rare perfection qui ne leur coûtent que la peine d'ordonner et de payer *sans compter pour les obtenir.*

D'autres moins riches, plus soigneux ou plus prudents, cherchent, pour ne point effaroucher les récompenses pécuniaires ou honorifiques, à se rapprocher du vrai et du possible tout en dissimulant le prix réel du revient, ce qui est pour beaucoup d'agriculteurs, un agréable et tout à la fois pernicieux mensonge, fait souvent de bonne foi.

D'autres enfin, et nous craignons que ce ne soit le plus grand nombre, agissent par spéculation, en comparant, avec le coup d'œil sûr d'un habitué, la dépense de l'objet exposé à la prime qui lui est assignée. Ceux-là ont de véritables officines où se fabriquent les animaux de concours ; ils ont des étables à part où tout se traite autrement que pour les hôtes ordinaires de l'exploitation, avec des soins et des frais dont la rémunération doit, selon eux, se trouver dans la prime.

Il y a bien par ci par là dans ces grands concours quelques bestiaux et autres objets exposés qui peuvent pour le producteur démontrer un bénéfice réel ; mais ce sont de véritables exceptions, et, selon nous, ce devrait être la règle.

Tout le monde, nous le savons, ne pense pas ainsi : Il y a dans l'agriculture des hommes, fort éclairés d'ailleurs, qui ne voient pas dans le prix de revient une condition essentielle du progrès.

Nous voulons bien dire avec eux que le beau, de quelque façon qu'il se produise, est toujours séduisant ; qu'il attire plus volontiers l'attention générale et qu'il peut même, en éveillant les amours-propres, trouver des imitateurs qui peuvent à force de soins obtenir les mêmes résultats à meilleur compte et avec profit ; soit : ce n'est là toutefois qu'une supposition qui lancerait l'imitateur dans les hasards de l'inconnu ; mais il n'en est pas moins vrai comme principe que le *beau*, s'il n'est accompagné du *bien*, que nous appellerons dans ce cas *un prix de revient abordable et rémunérateur pour tous*, ne fixe point le progrès et passe tôt ou tard comme un objet de mode.

Ce qu'il faudrait éviter surtout, c'est que le profit que peut donner l'objet exposé ne se rencontrât pas seulement dans la prime, de telle sorte qu'il y eût perte évidente si elle ne venait pas la combler ; car alors on ne protègerait plus là qu'une industrie, qui ne pouvant se soutenir par elle-même créerait, par les secours accordés, un impôt sans profit pour personne.

Il ne faut pas conclure de ce que nous venons de dire que si nous dirigions ces comices, nous exclurions de l'exposition tous les objets, bêtes et choses, dont la valeur réelle n'atteindrait pas le prix de revient. Ceci est loin de notre pensée : ce que nous voulons dans l'intérêt de nos cultivateurs, ce n'est pas l'exclusion, c'est la précision ; c'est que l'objet exposé, le bétail surtout, n'arrive pas dans l'arène comme un intrus, sans un passeport qui nous fasse connaître son origine, ses habitudes, et le menu de sa table ; enfin sans être accompagné de l'état loyal et exact de son prix de revient, *quel qu'il soit ;* car cet état, selon nous, est en pareille matière la clef de voûte de l'édifice agricole et du véritable progrès.

Avec lui tous les raisonnements auront de la consistance. On pourra juger, chacun à son point de vue, ce qui est mal, ce qui est bien, ce qui pourrait être mieux ; et beaucoup calculant la richesse de leur sol et sa température, leurs ressources et leurs moyens d'action, pourront en se mettant à l'œuvre *sur des données certaines*, imiter le modèle s'il est imitable, en évitant les écueils, et même le surpasser sans périls.

Sans lui, sans cet état, dont l'absence est à nos yeux une cause de déclin forcé de l'admirable institution de ces comices régionaux, qui n'ont déjà plus l'attrait de leur commencement, tout, au contraire, n'est que doute et confusion pour nos cultivateurs, naturellement portés, par les obstacles qu'ils rencontrent chez eux, à exagérer les dépenses des autres.

Aussi qu'arrive-t-il lorsqu'ils viennent à ces grandes expositions? Ils y admirent comme tout le monde les magnifiques produits étalés aux regards du public, mais ils s'y promènent avec une simple curiosité comme dans un musée, dans une galerie de tableaux, sans penser, faute de notions exactes et d'un programme complet, à en reproduire aucun.

Est-ce là, nous le demandons, le but qu'on s'est proposé? Les Comices ne doivent se présenter en aucune façon au public comme un spectacle, un tour de force ou une course au clocher; tout doit être sérieux et raisonné en vue d'une croissante prospérité, et les primes qu'on y distribue doivent, pour avoir une valeur réelle, fixer chacune un progrès comme le bâton ferré du touriste fixe ses pas dans la montagne pour le faire arriver sans recul au sommet. Il y a donc encore là, on le sent, quelque chose à faire.

Le seul comice qui semble atteindre plus directement son but, et cela tient probablement à sa spécialité, serait peut-être le comice ou Comité central de la Sologne. Et pourtant, si nous remontions à sa création, à laquelle, nous quatorzième, nous avons eu l'honneur de participer, nous trouverions encore, peut-être, que le but n'est pas atteint ; que cette porte de l'arbitraire, que nous voudrions voir à jamais fermée, s'est entrebaillée pour laisser passer des membres fort honorables, nous le voulons bien, mais qui, n'ayant point été indiqués par le Ministre, s'y sont introduits, ou y ont été, par erreur ou par faveur, introduits sans avoir aucun droit d'en faire partie. Tout cela n'est pas grave assurément, mais c'est encore une brèche à la justice et à la légalité par laquelle peuvent passer les abus et la confusion.

Quoi qu'il en soit de leurs imperfections, les comices, personne n'en saurait douter, ont fait beaucoup de bien, les comices régionaux surtout, en favorisant par leurs expositions l'heureuse multiplication de la machinerie agricole, mais ce qui n'est pas moins évident, c'est qu'ils n'en font pas assez.

Que par un fonctionnement superficiel, qui ouvre moins qu'il n'embarrasse la voie du progrès, ils tiennent la place d'une institution meilleure, qui voudrait plus de profondeur et d'énergie.

Que, composés en quelque sorte d'éléments hétérogènes, ils n'ont entre eux aucun point de ralliement et sont parfaitement impuissants, nous ne dirons pas à guérir, mais simplement à calmer les souffrances de l'Agriculture.

Que, si bien placés pour tout voir et tout entendre, ils manquent des éléments nécessaires pour juger, et ne seront peut-être pas même consultés, *sérieusement du moins*, dans l'enquête ouverte en ce moment sur cette haute et grave question.

Et pourtant, que de choses à dire dans cette enquête, qui se compliquera, nous le craignons, de mille superfluités et s'annihilera peut-être, malgré sa haute portée, si beaucoup de questions ne sont pas dès l'abord, je ne dirai pas résolues, mais soigneusement étudiées par les hommes pratiques.

Loin de nous la pensée de suspecter les bonnes intentions et les hautes capacités des hommes éminents qui seront plus spécialement chargés de prononcer sur cette enquête, mais pour être franc, et nous voulons l'être avec tout le monde, qui nous démentira si nous disons que maintes questions d'une nécessité parfaitement sentie ont souvent échoué sous d'éloquentes contradictions qui ne prenaient leur point d'appui qu'en dehors du sens pratique, trop souvent sacrifié à des considérations fort contestables.

La question des souffrances de l'agriculture n'en sera-t-elle pas là ? Nous ne résistons pas à sortir un peu de notre sujet pour dire oui, et essayer de le prouver.

Où et en quoi souffre l'agriculture, dirons les uns? N'est-elle pas arrivée depuis vingt ans, et plus particulièrement sous le gouvernement de Napoléon III, qui l'a entourée de ses meilleures et de ses plus saines affections, à un degré de prospérité jusqu'alors inconnu ?

Les terres arables, par le défrichement des bruyères et des autres parties improductives du sol français, ne se sont-elles pas accrues par milliers, disons même par millions d'hectares ?

Et si nous ajoutons que le rendement en céréales des vieilles comme des nouvelles terres a pris, lui aussi, un accroissement qui n'est pas moindre que quatre ou cinq hectolitres l'hectare, outre une masse d'autres produits qui se surpassent incessamment en richesse et en variété ; où donc trouverez-vous ces souffrances de l'agriculture qu'on crie si haut et qui se formulent de tant de manières ?

Tout cela est vrai, diront les autres, nous ne le contestons pas ; mais contesterez-vous davantage que la grande culture qui, aux yeux de beaucoup d'agronomes et d'économistes distingués, est le meilleur et le plus fructueux moyen de tirer du sol les richesses qu'il renferme, et de porter l'agriculture à sa plus haute puissance, ne soit en complet désarroi ?

Que chaque jour voit s'éclaircir les rangs de ses plus rudes champions ; de ces hommes qui, sans hésiter, lui ont porté courage, intelligence et capitaux, pour en faire sortir, par le bien-être de chacun, ce suprême nivellement de tous qui, par mille ruses, échappe depuis si longtemps aux efforts de la civilisation ? ne les voyez-vous pas plier sous le faix des impôts et des charges de toute sorte, le cœur gonflé de déceptions, et trop souvent ruinés, s'éloigner des champs comme d'un pays maudit ?

Nierez-vous davantage que la propriété foncière rurale, cette base essentielle, immuable et sacrée de toute vraie civilisation, ne soit elle-même en défaveur, surtout dans les pays peu peuplés et de grande tenue ?

Que depuis ces quinze années, dites de prospérité, sa valeur vénale est presque restée stationnaire, et qu'en tous cas l'augmentation qu'elle a reçue est dans une désolante disproportion avec l'élévation de prix des valeurs mobilières et de trafic ?

Que par les difficultés de sa culture insuffisamment protégée, les fermages ont encore moins varié que le fond, et qu'il est des propriétés qui restent inactives ou s'amoindrissent encore, faute de fermiers convenables dont la rareté devient chaque jour plus grande.

Qu'enfin la propriété rurale est peu enviée, si ce n'est comme amusement et comme distraction, ce qui, à nos yeux, change singulièrement sa haute et divine mission, et que les capitaux sérieux qui pourraient la vivifier et se répandre sur l'Agriculture, s'en éloignent pour se jeter dans les hasards des placements et des spéculations de toute sorte dont la France est en ce moment inondée, placements plus ou moins avoués, plus ou moins sûrs, qui donnent aux détenteurs des capitaux, pour se conformer à l'esprit de l'époque, les émotions d'une loterie et quelquefois les bénéfices, quand un désastre, chose assez fréquente, n'en prend pas la place.

Ne trouvez-vous pas qu'il y a là tout au moins quelque chose de fort anormal ? Ne pourrions-nous pas dire que l'Agriculture, et comme conséquence la propriété foncière, se meurent d'un excès de prospérité financière, ou plutôt d'une imprudente et aveugle confiance dans les valeurs mobilières et fiduciaires de toute sorte ?

On nous répondra que le crédit public, si nécessaire aux transactions commerciales, ne saurait jamais avoir trop d'ampleur. Nous sommes loin de le contester, mais peut-on appeler de ce nom ce pactole qui nous inonde, où s'engouffrent pêle-mêle les saines conceptions comme les mauvaises pensées, et qui roule ses eaux d'alliage folles et vagabondes, qu'aucune digue ne retient, par toutes les issues qui mènent aux passions humaines les moins bonnes ?

Evidemment non !

Et si, comme d'aucuns le disent, cette soif d'or renouvelée du fameux *système Law*, est un remède providentiel pour combattre les abus et les préjugés, dont l'humanité est encore si lourdement chargée ; un moyen d'élever les petits sans abaisser les grands ; enfin une nécessité du siècle; l'auxiliaire obligé d'une transformation sociale, évitons au moins que ce remède ne devienne pernicieux, et que comme tous les spécifiques dont la vertu est incertaine, il n'emporte le malade au lieu de le guérir.

Pour nous, ce luxe effréné qui atteint toutes les classes de la société sans en satisfaire aucune, ces nombreux et futiles besoins que chacun s'ingénie à se créer et qui ne sont en réalité que le pénible travail de la vanité, sont des symptômes alarmants d'autant plus dangereux qu'ils font naître des habitudes en dehors de la vie réelle et dont on ne peut plus se départir, quand l'heure de la nécessité vient à sonner, que par de violentes secousses.

Un éminent ministre, dans lequel nous avons grande confiance, disait il y a quelque temps à la tribune, en s'appuyant de l'opinion de M. Forcade de la Roquette, pour justifier l'emprunt fait à l'agriculture d'une masse de travailleurs en faveur des grands travaux publics : « *La formation ou le développe-* « *ment de la richesse mobilière dans un grand pays est insépa-* « *rable de souffrances momentanées, jusqu'à ce que ce grand* « *mariage de deux richesses dictinctes puisse s'opérer de la* « *manière la plus féconde pour les intérêts de chacun et la* « *prospérité générale du pays.* »

C'est là, évidemment, une idée juste et bonne, mais à quand les fiançailles ? Ne seront-elles pas l'objet de longs et laborieux pourparlers sur la position respective des parties ? Ce qui rend ce mariage difficile, c'est que l'agriculture, quels que soient les avantages dont on la dote, ne sera jamais qu'une condition, noble et confortable sans doute, mais toujours simple et modeste, que ne viendront point chercher ceux qui veulent faire fortune promptement et quand même, pour se donner les jouissances excentriques que nous venons de signaler.

Nous sommes même persuadé, à l'encontre de ce qu'a pu en penser M. le ministre, que les bras enlevés à l'agriculture n'y rentreront pas, par cette même raison qu'habitués à des dépenses de toutes sortes alimentées par un travail moins bien réglé que largement rétribué, la vie champêtre est devenue pour eux stupide et sans attrait. Une de ces violentes secousses dont nous parlions tout à l'heure et qui a pour terme la misère et ses terribles accessoires; pourrait seule les ramener aux champs si le bagne ne les arrêtait pas en route, ce qui malheureusement est loin d'être sans exemple.

Nous le répetons, il y a dans la situation actuelle du pays quelque chose de vague et d'anormal : des joies tremblotantes, le malaise du mieux par le mépris du bien. Cela vient du déplacement des garanties sociales dont la base quelque peu ébranlée à devié de son siége principal, qui est l'exploitation et les richesses du sol, pour se jeter trop ardemment sur le terrain mouvant des spéculations mobilières.

Et qu'on ne s'y méprenne pas : si la hausse ou la baisse de la valeur foncière-rurale et des progrès de l'agriculture n'ont qu'un écho amorti dans l'hémicycle hurlant de la Bourse, ils n'en sont pas moins, pour les hommes sages, plus que les valeurs éphémères qui s'y débitent, le baromètre le moins trompeur et le plus sûr de la hausse ou de la baisse de la véritable prospérité publique.

Nous n'avons pas besoin de faire remarquer que le baromètre agricole n'est pas aujourd'hui *au beau fixe*, mais il y aurait injustice à le faire descendre à *tempête*; car si les grands domaines s'amoindrissent par un surcroît de charges et le défaut d'une main-d'œuvre qui chaque jour devient de plus en plus impossible, la petite propriété, elle, qui a moins senti ces inconvénients parce qu'elle sait se suffire à elle-même, s'est au contraire singulièrement agrandie en fond en valeur.

Pourtant, poussée d'un côté par les soins et les frais qu'exige la culture intensive, la seule aujourd'hui profitable, et d'un autre par les attractions de ces mille diverses entreprises qui, sous la promesse de gros intérêts et de spécieux avantages, se disputent ses économies, jadis exclusivement destinées à accroître le patrimoine territorial de la famille, elle commence à prendre aussi sa part des souffrances de l'agriculture. Il y a aujourd'hui pour elle un temps d'arrêt assez marqué, qui accuse non pas un délaissement, mais une négligence de mauvais augure : un vigneron ou un laboureur qui retire ses capitaux de l'agriculture pour se livrer à des spéculations de bourse, perd évidemment son aptitude de travailleur, et n'est plus ni vigneron ni cultivateur dans l'acception du mot. Il y aurait là vraiment, si on n'avise pas à changer un pareil état de choses, un malheur social qui pourrait devenir irréparable.

A l'égard de la petite et de la grande propriété, de la petite et de la grande culture, nous ne voulons pas reproduire ici sur la grave question de leur fonctionnement social et humanitaire, toutes les opinions plus ou moins justes, plus ou moins spécieuses, émises par des économistes, des agronomes et des hommes distingués de toutes les conditions, nous nous bornerons à dire qu'ayant un pied dans les deux camps nous les avons vues de près à l'œuvre et que la petite culture, soutenue par des travailleurs tout à la fois propriétaires et praticiens, nous a toujours paru un des meilleurs résultats du mouvement civilisateur de 89, la sentinelle avancée de l'agriculture, qu'elle pratique d'autant mieux qu'elle est stimulée par un intérêt personnel qui est en même temps celui de tout le monde.

Ajoutons que si la statistique générale de nos produits agricoles était faite avec les détails minutieux qui sont de son essence, on reconnaîtrait sans peine que les excédants de rendement signalés par M. le Ministre d'Etat lors de la discussion de l'adresse, reviennent pour la plus large part à cette phalange de propriétaires-cultivateurs qu'on peut à bon droit appeler le *bataillon sacré*, non pas seulement de l'agriculture, mais aussi de l'ordre public. Attaché par intérêt au gouvernement et particulièrement à l'Empereur, il impose aux masses en leur indiquant le chemin honorable et facile par lequel il s'est élevé ; et c'est peut-être à son attitude, tout à la fois modeste et fière, que nous devons le silence de la rue, en présence d'un budget que sans murmurer il grossit lui-même de ses sueurs, et dont l'ampleur aurait non pas seulement effrayé, mais tué tous les gouvernements autres que l'Empire ; un gouvernement populaire peut seul se permettre de grouper de pareils chiffres.

Quant aux grands domaines, à la grande culture, nous ne contestons pas en principe les avantages qu'on lui donne et que lui donnent surtout les hommes, fort éclairés d'ailleurs, qui ne se sont pas sérieusement mis à l'œuvre, qui n'ont point tenu les mancherons de la charrue, à savoir : d'amonceler en quelque sorte le travail en évitant l'éparpillement des forces, ce qui est tout à la fois une économie de temps et d'argent que ne peut pas réaliser la culture parcellaire; de distribuer le travail des hommes et celui des machines et des animaux d'une manière en quelque sorte mathématique en attribuant à chacun la part qu'il doit fournir à l'exploitation; enfin de n'avoir qu'une seule table et qu'un seul logement, etc.

Tout cela est très-logique assurément, mais il y a là des *détails d'exécution* qu'enjambent volontiers les théories et auxquels il est bon de s'arrêter; détails essentiellement pratiques qui, méconnus ou simplement négligés, en agriculture, comme en beaucoup d'autres choses, et plus encore en agriculture qu'en toute autre chose, gangrènent et tuent souvent l'œuvre la mieux conçue.

Ce serait d'ailleurs une bien grande erreur de supposer qu'une exploitation agricole doit fonctionner avec la précision et la régularité des industries qui opèrent sur des matières à peu près invariables. Fille de la nature, l'agriculture, elle, est soumise aux conditions que celle-ci lui impose, à des variations, et des complications imprévues, enfin à mille inconvénients que le petit cultivateur exploitant peut vaincre par une aptitude et un discernement que la grande culture ne rencontre que bien rarement dans la coopération, souvent peu loyale, des serviteurs à gages et à la journée qu'elle est forcée d'appeler à son aide. Nous en avons fait, depuis plus de vingt-cinq ans que nous sommes à l'œuvre, avec des ouvriers de toute sorte, une bien grande expérience, et nous serons d'accord avec beaucoup de nos collègues en disant qu'il y a là une des principales causes d'infériorité de la grande culture, une plaie qui de nos jours s'agrandit démesurément.

Mais devons-nous après tout nous en plaindre? n'entrons-nous pas sous l'application de ce proverbe :

Le bien naît souvent de l'excès du mal.

Si le temps des journaliers est passé, si les travailleurs que l'instruction a quelque peu touchés refusent, ou rendent impossible, un salaire souvent arbitrairement donné et demandé, et que règle plutôt le cours du soleil que la besogne, ne sera-ce pas le cas de recourir aux sociétés en participation, qui seraient évidemment un progrès réel, profitable à tout le monde?

Nous en avons déjà dit quelques mots au commencement de ce travail, que nous ne voulons pas surcharger des développements qu'il faudrait donner à cette grave question pour la mettre en pleine lumière, mais nous restons convaincus qu'elle deviendra un jour, qui n'est peut-être pas loin, le seul moyen possible d'aborder les grandes exploitations.

En somme, par des causes tout à la fois communes et particulières, la grande et la petite culture souffrent. Il y a un temps d'arrêt qu'il importe de faire cesser, car il renferme un danger sérieux ; mettons-nous donc à l'œuvre ; plus nous attendrons, plus le mal sera grand.

Donnons à l'Agriculture, qui est la profession de plus de vingt cinq millions de Français et une source intarissable de bien public, valeur et vigueur. Retrempons ses forces imprudemment affaiblies en appelant à son secours l'instruction, si utile en toute chose et devenue l'indispensable équilibre des sociétés modernes.

Mettons nos cultivateurs en communication directe avec la science si variée de leur métier ; qu'entre mille autres choses utiles ils apprennent à connaître, non par de futiles discours d'origine contestable faits de la veille et oubliés le lendemain, mais par de bonnes et claires théories unies à une sage pratique, la consistance des sols, la température et les éléments naturels de la production ;

La formation et l'emploi des fumiers de cour, des purins et des autres engrais de ferme, tous généralement si mal traités ;

La constitution et la vertu, générale et relative, des engrais et amendements du commerce, si variés et si trompeurs ;

L'étude et le choix des races de bétail qui conviennent aux pays qu'ils habitent et à ses produits, sous le triple rapport de l'élevage, du laitage et de l'engraissement, choses fort négligées et pourtant si nécessaires qu'on pourrait, sans se tromper, attribuer à leur absence le plus grand nombre de nos désastres agricoles ;

Que l'Agriculture, enfin, s'affirme dans sa toute-puissance, dégagée de flatteries et d'auxiliaires douteux.

Et pour qu'elle ne soit pas même soupçonnée de donner abri à d'autres ambitions que celle d'atteindre la haute mission qui lui est départie dans l'ordre sublime de la nature, élevons-la à la hauteur d'une grande institution, avec des droits et des devoirs qui marquent pour chacun la part qu'il est appelé à prendre à ses progrès. Cette espèce de règlementation épuratoire, loin de nuire à son indépendance, l'accroîtra au contraire, selon nous, de toute l'étendue de ses développements.

Qu'on nous permette de poser ici quelques règles sous l'empire desquelles pourraient désormais fonctionner nos comices agricoles qui, dans la marche ascendante du progrès, sont placés comme éclaireurs au premier rang et au meilleur.

Nous emprunterons, pour nous faire mieux comprendre, les

formules de la loi, sauf à joindre, au besoin, quelques notes explicatives.

ART. 1er.

Il y aura dans chaque commune de France un comice agricole composé d'autant de membres que la commune aura de fois cent hectares d'étendue, sans que toutefois le nombre des membres, pour les communes qui n'auraient pas cette contenance, soit au-dessous de dix.

ART. 2.

Pourront faire partie de ces comices :

Les propriétaires faisant eux-mêmes valoir leurs terres, autant que ces terres ne seront pas d'une contenance moindre que deux hectares.

Les fermiers et métayers exploitant pour autrui une étendue d'au moins dix hectares.

Les propriétaires faisant cultiver par fermiers ou métayers tout ou partie de leurs terres, en tant qu'ils soient, par convention authentique, personnellement intéressés dans la culture d'au moins dix hectares, de telle sorte qu'il y ait profit ou perte pour eux selon qu'il y aura perte ou profit dans l'exploitation.

Les propriétaires qui, sans prendre autrement part à l'exploitation de leur domaine, auront avancé à leur fermier, en vue de faire progresser l'Agriculture, une somme d'argent égale au moins à une année de fermage et répartie sur toutes les années de jouissance, ou qui auront, sans bourse délier, reporté le payement de la première annuité de fermage en fin de bail.

ART 3.

Les propriétaires, fermiers et métayers pourront faire partie

des comices de plusieurs communes, s'ils se trouvent, pour chacune dans les conditions qui viennent d'être indiquées.

ART. 4.

Les juges de paix, les receveurs de l'enregistrement, les contrôleurs des contributions directes, les notaires, les agents-voyers, les percepteurs, pourront aussi faire partie des comices agricoles d'une ou plusieurs des communes du ressort de leurs fonctions.

ART. 5.

Les maires feront partie de droit du comice agricole de leur commune, avec le titre de président honoraire.

Ils pourront être nommés présidents actifs.

ART. 6.

Les membres des comices communaux seront, *pour la première fois,* nommés par le conseil municipal, présidé par le maire et assisté de propriétaires-cultivateurs en nombre égal à celui des membres du conseil.

Cette nomination aura lieu par bulletin de liste, au scrutin secret, par un seul tour et à la simple majorité.

Il sera, du tout, dressé procès-verbal.

ART. 7.

Le comice communal se réunira la première fois sur la convocation du maire, son président honoraire, dans la quinzaine de sa nomination, et nommera, pour se constituer définitivement, un président, un vice-président, un secrétaire, un vice-secrétaire et un trésorier.

ART. 8.

Ainsi constitué, le comice agricole se réunira tous les trois mois, les premiers dimanches de janvier, avril, juillet et octobre, à l'issue de la messe, dans une des salles de la mairie qui sera mise, à cet effet, à sa disposition.

Nous ne donnerons pas ici de plus amples formules. Le système électoral et le règlement des séances nous obligerait à des détails ennuyeux pour le lecteur, qui y suppléera facilement. Nous n'avons voulu poser que les points principaux, auxquels nous ajouterons encore ceci.

Les membres du comice devront prendre leur mission au sérieux, et ceux qui, après l'avoir acceptée, ne la rempliraient pas, devront être assujettis à un blâme et même à une amende en faveur de l'œuvre.

Les comices légalement convoqués pourront avoir des séances ordinaires et extraordinaires.

Dans les séances ordinaires, ils pourront traiter toutes les questions concernant l'Agriculture. Mais pour éviter les superfluités et ces théories vagues et infructueuses que nous avons si sévèrement blâmées plus haut, et aussi pour circonscrire autant que possible la discussion, nous voudrions que les membres des comices fussent d'abord, et comme question d'ordre, individuellement interpellés par le président à l'ouverture de chacune des séances ordinaires, de la manière suivante :

« Qu'avez-vous à nous signaler dans l'intérêt général de « l'Agriculture, et spécialement par rapport aux avantages et aux « inconvénients qui se rencontrent dans votre exploitation ? »

Les réponses pourront être longues et diffuses, sans doute, mais elles n'en seront pas moins l'expression d'un fait, une espèce de statistique permanente des besoins de l'agriculture et du degré d'instruction de nos cultivateurs. Il sera, d'ailleurs, toujours facile au bureau de les simplifier en forçant l'orateur à s'enfermer dans les faits.

Le procès-verbal des séances, dressé par le bureau, sera envoyé au comice agricole d'arrondissement dont nous allons parler, dans le mois de sa date.

Comice d'Arrondissement.

Art. 1er.

Il y aura dans chaque chef-lieu d'arrondissement un comice agricole composé :

1° Du sous-préfet, qui en sera président d'honneur.

2° Des présidents et vice-présidents des comices communaux.

3° Des conseillers généraux et d'arrondissement de la circonscription.

4° Des membres de la chambre consultative d'Agriculture.

5° Du maire du chef-lieu.

6° Du président et du procureur général de la Cour impériale dans son chef-lieu.

7° Des présidents et procureurs impériaux des tribunaux civils dans leurs résidences.

8° Des présidents du tribunal et de la chambre de commerce et des prud'hommes.

9° Des receveurs généraux et des receveurs particuliers dans leur résidence.

10° Des directeurs et des contrôleurs des contributions directes et indirectes, aussi chacun dans leur résidence.

11° Des directeurs et receveurs de l'enregistrement et des domaines, aussi dans leur résidence.

12° Des conservateurs des hypothèques, aussi dans leur résidence.

13° Des directeurs des postes aux lettres, aussi dans leur résidence.

14° Des agents-voyers chefs et principaux, également dans leur résidence.

Le préfet, sous la surveillance duquel tous les comices communaux et d'arrondissement de son département seront placés, en fera naturellement partie et y prendra place, quand bon lui semblera, comme premier président d'honneur.

Art. 2.

Le comice d'arrondissement sera convoqué pour la première fois par M. le sous-préfet, aussitôt sa nomination arrêtée, et formera dans cette séance son bureau, qui sera composé : d'un président, d'un vice-président, d'un secrétaire, d'un vice-secrétaire et d'un trésorier élus ; plus de quatre membres, les deux plus âgés et les deux plus jeunes, pris à chaque séance dans ceux présents au moment de l'appel.

Art. 3.

Ainsi constitué, le comice, sur la convocation de son président, se réunira dans l'une des salles de la mairie, mise à cet effet à sa disposition, au moins deux fois par an, en séances ordinaires, autant que possible les 1er mars et 1er septembre.

Il pourra y avoir des sessions extraordinaires sur la demande de dix membres ou sur l'invitation de M. le préfet, agissant en sa qualité ou par ordre de S. Exc. le ministre de l'agriculture.

Les lettres de convocation de ces réunions extraordinaires en devront faire connaître l'objet.

Art. 4.

Il sera nommé annuellement au scrutin secret, à chaque première session semestrielle, une commission de dix membres chargée de faire un rapport sur les vœux, dires et déclarations des comices communaux. Ce rapport sera présenté et discuté à la session suivante.

Art. 5.

Dans ses sessions ordinaires, le comice pourra s'occuper de tout ce qui concerne l'Agriculture, mais d'abord des objets traités dans les comices communaux, dès que le rapport dont il est parlé à l'article précédent lui aura été présenté.

Art. 6.

Des expositions de bestiaux, d'ustensiles et machines agricoles et industrielles et de produits de l'agriculture, pourront être créées avec concours, primes, médailles et distinctions, autant de fois que le comice le jugera nécessaire et dans les lieux qu'il croira les plus convenables.

Art. 7.

Il sera dressé un procès-verbal de chaque séance dont le président enverra directement expédition au ministre de l'agriculture.

Nota. A l'égard de ce comice et des détails de ses conditions règlementaires, nous ferons la même observation que pour les comices communaux.

Conseil Général de l'Agriculture.

Il y aura auprès de Son Excellence le Ministre de l'Agriculture un conseil général composé :

1° Des Présidents des Comices d'arrondissement.

2° D'un nombre à limiter par le Ministre, d'agronomes, de géologues, de chimistes, de naturalistes, d'ingénieurs, d'industriels, d'économistes, de jurisconsultes, et d'administrateurs distingués ; en un mot des savants les plus versés dans la connaissance des éléments propres à tirer de la terre les richesses variées et infinies qu'elle renferme ; et aussi les plus expérimentés pour travailler et distribuer ces richesses de manière à en faire sortir pour l'humanité la plus grande somme de bonheur possible.

Ce conseil supérieur, dont la direction serait entièrement confiée au Ministre de l'Agriculture, qui le convoquerait selon les besoins, pourrait se poser à côté de la Société Impériale et Centrale d'Agriculture, aujourd'hui existante, ou, mieux peut-être, la remplacer.

Mis par le Ministre en rapport direct avec tous les comices, dont les procès-verbaux lui seraient communiqués, et passant au crible de son profond savoir les découvertes et les innovations, qui généralement, n'arrivent à nos cultivateurs qu'entourées d'utopies et des mensonges de l'intérêt privé, on comprend dès l'abord quelle immense impulsion donnerait à l'agriculture ce corps savant.

Comme premier résultat, *le doute*, le doute sur les nouvelles méthodes, sur les machines, sur les engrais, le doute partout, cet ennemi que nous avons déjà signalé et qui retient incessamment la fortune et les bras de nos cultivateurs dans l'inaction, ferait évidemment place à une confiance qui leur permettrait désormais de marcher hardiment dans la voie du progrès.

Ferme Modèle.

Nous ne nous sommes pas dissimulé cependant que si par elle-même la science est certaine et infaillible, elle a des mystères et des secrets d'où résultent souvent des effets qui mettent en défaut les théories les plus savantes et les plus sincèrement posées. Le grand maître en toutes choses, à nos yeux, c'est l'action, la pratique, et en agriculture surtout ce principe est impérieux. Il entre donc dans notre projet de compléter l'organisation de l'agriculture par l'établissement, dans chaque arrondissement des départements de la France et dans un endroit rapproché autant que possible de la ville chef-lieu, d'une ferme modèle et expérimentale.

Cette ferme, à la tête de laquelle serait placé un bon chef de culture, s'exploiterait sous les inspirations des Comices et pourrait être administrée par une commission de deux ou trois membres choisis dans leur sein.

Les neuf dixièmes de cette ferme, dont la contenance totale pourrait être de cent hectares, ou moins selon les lieux, seraient consacrés à une culture ordinaire et de localité, en abordant toutefois les améliorations utiles et raisonnées, que le temps et la science mettent à la portée du cultivateur éclairé.

L'autre dixième serait destiné à des essais sur de nouvelles méthodes culturales, sur l'acclimatation et l'élevage de plantes et de bestiaux; sur l'emploi d'engrais et amendements; sur toutes choses enfin, qui, jugées, ou simplement réputées, fructueuses, n'ont pas encore été suffisamment expérimentées pour être acceptées par les cultivateurs ordinaires.

Les amendements et les engrais devront plus spécialement attirer l'attention des Comices et du Conseil supérieur; car parmi les matières qu'on porte dans les terres, à grands frais de charrois, personne n'ignore qu'un dixième à peine sert à les fertiliser. Trouver un procédé qui éliminerait le superflu, serait certes un des plus grands services qu'on pourrait rendre à l'agriculture.

La nourriture tout à la fois économique et suffisante du bétail et surtout du cheval, par la cuisson des aliments ou autrement, serait aussi un des grands points sur lesquels le conseil général et les comices devraient s'apesantir.

Toutes les améliorations et les essais ainsi tentés devront s'effectuer ostensiblement afin que les agriculteurs puissent les observer, les suivre et les imiter si bon leur semble.

Un inventaire en tout parfaitement exact, suivi d'une comptabilité sévère et en quelque sorte hors ligne, marquant jour par jour, heure par heure, l'emploi du temps des hommes et des animaux, ce qui se consomme, entre et sort; enfin minutieusement tout ce qui peut donner lieu à perte ou profit, actif ou passif, sera aussi, on le comprend, une des principales conditions du succès de cette ferme-modèle.

La comptabilité agricole, tout le monde le sait, est excessivement élastique; les chapitres sont souvent chargés d'évaluations et d'appréciations qu'il est dans beaucoup de cas aussi impossible d'approuver que de contester, et nous avons malheureusement vu bien souvent des agriculteurs, en paix avec leur comptabilité, et la vantant même à tout propos, sombrer avec un énorme déficit passé inaperçu à travers leurs chiffres.

Il n'y a pas du reste, à notre avis, de plus grand menteur (qu'on nous passe le mot qui n'a ici rien d'offensant) qu'un agriculteur. Se reposant avec trop de confiance sur ses propres conceptions, il est d'autant plus habile à grouper les erreurs, qu'il agit généralement de bonne foi et que le premier et le plus trompé, c'est lui-même.

La ferme-modèle d'arrondissement devra surtout éviter cet écueil qui, dans les conditions où nous la plaçons, ne serait pas simplement un dérangement de fortune particulier, mais un malheur public.

Plus qu'ailleurs une comptabilité positive et exemplaire nous paraît facile dans un pareil établissement.

De la Domesticité.

Si nous n'avons rien dit jusqu'ici des domestiques agricoles, auxquels revient évidemment une large part des souffrances de l'agriculture, c'est que depuis trois ans environ que nous avons, comme Vice-Président de Comice, présenté un rapport sur la matière, notre opinion n'ayant point changé et s'étant au contraire fortifiée par le temps, notre intention a été tout simplement de la reproduire ici *in extenso*, le voici :

Messieurs,

Dans l'une de vos dernières séances vous m'avez fait l'honneur de me demander un rapport sur l'état de la domesticité et plus spécialement en ce qui concerne les travailleurs agricoles, leurs devoirs, leurs droits et les obligations qui naissent contre eux ou en leur faveur du contrat de louage.

Je vous ai à peu près promis, et cet *à peu près* était de ma part un acte d'indispensable prudence, car je sentais parfaitement dès l'abord l'insuffisance de mes moyens pour traiter, à tous ses points de vues, cette grave question.

Beaucoup peut-être la considèreront comme très-secondaire, puérile même ; pour moi, homme pratique, elle a, en fait comme en droit, une haute portée . elle tient par mille points aussi essentiels que délicats à notre organisation sociale et se trouve si intimement liée à l'agriculture, que tout progrès large et sérieux me semble, sinon impossible, au moins fort difficile, si à nos lois présentes ne viennent se joindre de sages et nouvelles mesures pour l'asseoir sur des règles plus précises.

Le travail que j'ai l'honneur de vous présenter ne saurait donc être considéré que comme un essai, un jalon sur une voie dans laquelle j'aurais le plus grand désir de voir s'engager les hommes d'expérience et de savoir.

Si nous voulions rechercher l'origine de la domesticité, il nous faudrait remonter aux sociétés primitives, à ces temps de barbarie, qui ne doivent plus revivre, où la force constituait le droit.

A cette époque le domestique, ou plutôt l'esclave, ce qui ne faisait qu'un, était une chose, un objet à l'usage du maître, qui, sans autre frein que sa volonté, en disposait pour ses besoins, ou même selon ses caprices, d'une manière absolue.

Le christianisme en nous montrant par ses sublimes

enseignements le fort et le faible, le riche et le pauvre soumis impérieusement, *sans distinction*, aux lois de la nature, devait avoir pour effet de faire disparaître peu à peu cette monstrueuse inégalité.

Mais si la féodalité, ce commencement si imparfait du progrès, n'a pu méconnaître le principe, l'application n'a pas été sans résistance ; imbus encore de leur vieille puissance barbare, les seigneurs se sont bien gardés d'appuyer l'émancipation des gens de service sur une réciprocité de droits et de devoirs.

Le domestique alors n'était plus l'esclave, sa vie n'était point en danger, mais il devait encore, à peine de rudes corrections, obéissance en toutes choses. Il lui fallait prouver de bien graves sévices pour que la justice daignât venir à son secours ; la volonté du maître était encore à peu près son unique juridiction.

Et pourtant, Messieurs, s'il entrait dans notre cadre de citer des domestiques fidèles et des maîtres bienveillants, c'est là qu'il nous faudrait peut-être chercher des exemples.

Le maître dans sa foi chrétienne, et peut-être bien aussi parce que les conditions de louage se résumaient à peu près toutes dans son autorité, était naturellement porté à la bienveillance ; le domestique, heureux de fuir la gêne du foyer paternel, ne s'occupait, une fois accueilli, qu'à satisfaire en tous points aux exigences du maître, et de cet accord naissait assez fréquemment d'une part un sentiment de respect et de reconnaissance, de l'autre une confiance mêlée d'égards, qui faisait en quelque sorte du serviteur, longtemps conservé, un membre de la famille.

Disons toutefois que c'était là une affaire de temps et de

mœurs; une époque où les arts utiles, l'agriculture même, toutes choses qui mènent les peuples au bien-être et à l'indépendance, étaient, par politique et par ignorance, resserrés dans les limites les plus étroites. De là et comme conséquence d'une déplorable inaction bien des bras restaient inoccupés, et pour beaucoup la domesticité, considérée comme un avantage, devenait un objet d'ambition.

Ces mœurs sont aujourd'hui, Dieu merci, loin de nous. Si l'égoïsme de quelques-uns a pu y donner des regrets, leur transformation laborieuse a été accueillie par les masses avec un vif sentiment de joie et de reconnaissance.

A l'égalité devant Dieu, proclamée par le plus saint dogme du Christianisme, la révolution de 89 a ajouté et justement proclamé *l'égalité civile et la liberté*. Deux choses qui font la gloire et la prospérité de la France et qui peut-être un jour, espérons-le, abriteront de leur équité tous les peuples connus du globe.

C'est donc aujourd'hui dans la loi, qui doit à tous une égale protection, qu'il faut aller chercher les devoirs et les obligations des maîtres et des domestiques. Cette loi, elle est écrite dans le code civil, œuvre immortelle de Napoléon Ier, au titre du contrat de louage.

Est-elle claire? Est-elle suffisante? Nous dirons non! et nous chercherons à le prouver.

Au début d'un régime tout nouveau, à la suite d'une grande révolution où il fallait réformer sans blesser, relever la liberté sans en permettre les excès, le législateur, qui d'ailleurs avait alors de si grands travaux à mettre à chef, n'a pu se défendre des impressions du passé, et on voit en effet, dans l'économie de sa rédaction pour la question qui nous occupe, qu'il a plutôt compté sur une entente réciproque et de bonne foi entre les maîtres et les domestiques que sur l'application judiciaire de ses prescriptions.

Quelle est, en effet, la loi qui régit la matière ? J'ouvre le code et je ne vois que ces deux articles :

« 1780. On ne peut engager ses services qu'à tems ou pour « une entreprise déterminée.

« 1781. Le maître est cru sur son affirmation pour la quo- « tité des gages, pour le payement du salaire de l'année et pour « les à-comptes donnés pour l'année courante. »

En dehors de là, la loi reste muette ; et pourtant ces deux articles, tout en donnant au maître un privilége exorbitant, sont malheureusement loin de trancher en sa faveur toutes les difficultés du louage.

Celles qui tourmentent aujourd'hui la société et dont tout le monde se plaint, prennent leur siége non pas seulement dans le gage, mais dans l'exercice même de la fonction, ce qui est bien plus dangereux. Elles sont d'une nature telle qu'en s'accroissant elles peuvent troubler la paix publique et anéantir les progrès de l'agriculture, qui en sont déjà, vous le savez tous, profondément affectés.

Je citerai quelques cas que, comme maire et comme cultivateur, j'ai pu observer.

Les domestiques, dont les gages atteignent des chiffres qui ne sont déjà plus abordables pour nos petits fermiers, loin de se montrer reconnaissants et satisfaits de cette augmentation, et de redoubler de zèle, en prennent, au contraire, occasion pour redoubler d'exigences et de mauvais vouloir. Le maître n'est plus pour eux qu'une machine payante, qu'une vache à lait dont ils pressent sans cesse les mamelles pour en extraire la dernière goutte ; et s'il n'a pas la voix assez haute et la main assez ferme pour les contenir, ils marchent bientôt d'autorité dans la voie des plus étranges prétentions. Ils se croient en droit, par exemple, de régler les repas, les heures et même la nature de leurs travaux ; de se donner les récréations qui leur conviennent, de sortir quand il leur plaît en se faisant remplacer par qui bon leur semble et même en ne pourvoyant pas, sous prétexte d'affaires ou de maladies, à leur remplacement. Les intérêts du maître, ceux de la maison ou de l'exploitation ne passent qu'en second ordre. Si vous manifestez quelque mécontement, sûrs à peu près de trouver place ailleurs, ils vous mettent le marché à la main et, même, au milieu des plus rudes travaux, quittent brusquement leur place ou vous forcent, par des insolences ou des maladresses calculées, à les renvoyer.

Si personnellement je n'ai eu que peu à souffrir de ces inconvénients, beaucoup de fermiers qui m'ont adressé leurs plaintes en ont éprouvé de graves préjudices. Ajoutez à ces prétentions, aussi illégales qu'exagérées, les incapacités qui se pressent aux *louées*, alléchées par l'élévation du gage, et qui s'offrent pour des emplois dont ils ignorent les plus simples notions, et vous aurez une idée encore incomplète des perturbations que cet état de choses apporte dans les familles et dans les exploitations, et des risques qu'il y aurait pour la société en général, et pour l'agriculture en particulier, à n'y pas mettre un terme.

Tous ces cas, qui ne se rencontraient point ou manquaient d'importance dans les sociétés anciennes, n'ont été, nous l'avons dit, ni soupçonnés ni prévus par la législation nouvelle ; il

faut donc que celui dont ils blessent les intérêts et qui veut réparation ait recours au droit commun; c'est-à-dire au chapitre du code Napoléon qui traite des contrats et des obligations en général.

Mais ne se trouve-t-il pas là mille cas où le juge manque de base pour asseoir son jugement? Peut-il, à défaut de conventions écrites, et il n'y en a jamais, s'appuyer dans cette question, quelque peu exceptionnelle, sur la commune intention des parties, comme l'indique l'art. 1156? Cela est au moins difficile.

Quand je loue un domestique, c'est pour mes besoins, mes affaires ou mes plaisirs ; pour mes travaux d'intérieur ou des champs, comme je les comprends. La vie dans son cours ordinaire d'affaires, de besoins ou de jouissances n'a pas de règles invariables: l'intention du maître dans le contrat de louage verbal c'est de suivre le progrès, de faire ce que les circonstances exigent ou ce qu'il croit le mieux ; son domestique, son auxiliaire à gages, doit le suivre et l'aider dans cette voie ; l'intention de celui-ci en se louant n'a pu avoir qu'un objet : *obéir dans la mesure de ses forces et de son intelligence moyennant salaire.* Voilà, il me semble, le véritable état de la question.

Or comment, dans les détails infinis, insaisissables d'une pareille situation, trouver la commune intention des parties, alors que, d'après la pratique des temps passés et même des temps modernes, la volonté du maître, dégagée des abus, pourrait être la loi des deux?

On sait bien, sans doute, qu'il n'est rien que la justice n'atteigne et que toutes infractions peuvent en fin de compte se résumer par des condamnations; mais à quel prix?

Qui de nous ignore les difficultés et les contestations sans nombre qui naissent du recours aux tribunaux, et combien il en coûte pour obtenir l'application judiciaire d'un point de droit? quand surtout, comme dans l'espèce, le juge a à statuer sur des détails dont le sens et la raison peuvent se perdre dans des affirmations contraires, ne méritant pas toujours grande créance?

Peut-on sans faire naître mille arguments judiciaires invoquer le témoignage du maître pour prouver que son domestique a été insolent ou incapable? a agi par ignorance ou de mauvaise foi, dans le préjudice qu'il lui a causé? Et celui du domestique pour constater la convenance, le sens ou les termes des ordres donnés? Cette voie est évidemment pleine d'inconvénients.

Aussi qu'arrive-t-il dans ces divers cas, dont l'importance après tout tient encore plus à un intérêt d'ordre public qu'à un intérêt d'argent? C'est que le maître, après avoir fait de vains efforts pour rappeler dans leur intérêt comme dans les siens ses domestiques à leurs devoirs, finit par céder.

Cela peut être prudent; car ayant cent fois raison et ses droits étant reconnus, l'insolvabilité ou le mauvais vouloir de son adversaire mettra dix-neuf fois sur vingt les frais à sa charge; heureux encore si sa maison n'est pas marquée au rouge et signalée aux camarades du vaincu : mais l'intérêt général exigerait qu'il en fût autrement; car loin de lui savoir gré de cette concession, beaucoup de domestiques la considèrent comme une faiblesse, une impuissance sur laquelle ils fondent de nouvelles exigences.

Les contestations du contrat de louage viennent, nous le répétons, de ce qu'il participe trop de l'usage et pas assez de la loi. Si cela a pu suffire à une autre époque, aujourd'hui que le progrès n'a de limites que les secrets que Dieu tient en réserve pour l'expérience des hommes; que la plus grande liberté est laissée à chacun d'y prendre part, selon son intelligence, son aptitude, sa condition et ses moyens, l'usage a besoin d'être remplacé par une loi.

Essentiellement variable de sa nature, selon les lieux et même selon les gens, l'usage n'a plus sa raison d'être au milieu d'une société si positive et si complétement transformée; alors que les voies ferrées avec leur prodigieuse rapidité mettent incessamment en relation tous les peuples connus, se confondant, se réformant et s'empruntant respectivement tout ce qui peut être utile et agréable à l'homme dans toutes les conditions de la vie.

Il y a donc dans la législation qui régit la domesticité, tout le monde le sent, une lacune, une plaie béante qu'il importe de cicatriser, si on ne veut pas que la gangrène arrive au cœur même de la société.

Et c'est à nous, Messieurs, c'est aux Comices agricoles à jeter le premier cri d'alarme. Nos plaintes peuvent être d'autant mieux entendues dans ce moment que les grands Corps de l'Etat sont à l'œuvre pour la rédaction d'un code rural, qui pourrait dans l'une de ses dispositions règlementer la matière.

En attendant que des hommes plus éclairés s'emparent de la question, permettez-moi de soumettre à votre appréciation quelques points qui pourraient trouver place dans la loi à intervenir.

Nous les traiterons sous forme de projet de loi pour qu'ils

soient plus concis, sauf à ajouter en regard des notes explicatives.

Mais avant d'établir les articles de ce projet, demandons immédiatement l'abrogation de l'art. 1784 du Code civil en ce qui concerne la responsabilité du maître pour les faits de son domestique qui ne relèvent pas de ses ordres.

Comprend-on aujourd'hui qu'un domestique, que vous n'avez aucun moyen de discipliner, vous rende responsable d'un dommage que par ivresse, maladresse ou autrement il aura occasionné à dix lieues de chez vous ?

Nous avons vu condamner un propriétaire à faire une rente viagère à un individu dont son charretier, insolvable, avait, par maladresse, cassé la jambe.

Où donc trouver dans l'état actuel du louage une compensation à une pareille responsabilité ?

Poser la question n'est-ce pas la résoudre ?

Reprenons notre projet.

Art. 1er.

Le principe du contrat de louage est l'obéissance honnête et loyale du domestique aux ordres du maître, en tant que ce dernier ne lui commande rien au-dessus de ses forces ni de contraire aux lois et aux mœurs.

Si le domestique veut limiter cette disposition générale, il devra s'en expliquer et le faire mentionner sur son livret, ou en retirer *autrement* un écrit.

Cet article n'a rien de contraire au régime de liberté et d'égalite proclamé par nos lois. Nulle puissance en France n'a le droit d'imposer à tel ou tel citoyen l'obligation de se faire domestique ou de prendre telle ou telle profession, mais du moment qu'on accepte une condition quelle qu'elle soit, on doit obéir sans restriction à la loi et à ses propres conventions.

Art. 2.

Chaque domestique de l'un ou l'autre sexe, doit être porteur d'un livret, qui contiendra ses nom et prénom, son âge, le lieu de sa naissance et de sa demeure.

Ce livret, qui lui sera délivré sur sa déclaration par le Maire du lieu de sa naissance, ou par le Préfet ou le Sous-Préfet de l'arrondissement du lieu de sa demeure lorsqu'il aura quitté celui de sa naissance depuis plus d'un an, sera déposé au secrétariat de la Mairie de la commune où le domestique sera occupé, et y restera déposé pendant toute la durée de son service. Il ne pourra le reprendre sans le consentement de son maître, et en cas de refus de celui-ci sans l'autorisation du maire qui pourra, avant de statuer, prendre l'avis du conseil de prud'hommes dont il sera parlé art. 7 ci-après.

Ce livret ne vous semble-t-il pas une double garantie pour les maîtres comme pour les domestiques? il pourrait d'abord contenir certaines conditions utiles aux deux : aux premiers il donnerait la sécurité pour l'exécution des travaux entrepris, ce qui n'existe pas aujourd'hui ; aux seconds il donnerait le sentiment du devoir en leur ôtant l'idée de ces changements trop faciles et sans cause, qui leur sont funestes en les tenant souvent l'hiver sans emploi.

ART. 3.

Aucun maître ne devra accepter un domestique s'il n'est porteur de son livret, à peine d'une amende de 25 francs au profit du bureau de bienfaisance du lieu où se fera le service et d'être en outre responsable des obligations que n'aurait pas remplies le domestique dans sa précedente condition.

Vous comprenez l'importance de cet article ; certains maîtres se rendent souvent complices des domestiques en leur faisant abandonner, par l'offre d'une augmentation de gages instantanée, une place qu'ils auraient pu occuper longtemps.

ART. 4.

A défaut de conventions spéciales limitant le temps du service conformément à l'article 1780 du code Napoléon, ce service se continuera indéfiniment par le consentement tacite des parties, selon les conventions premières faites, ou avec les modifications que d'un commun accord elles pourraient y apporter.

Il sera toujours libre à chacun néanmoins de rompre l'engagement en prévenant l'autre au moins un mois à l'avance. En d'autres termes : l'engagement ne sera censé fait que pour un mois et se continuera indéfiniment si l'une ou l'autre des parties n'exprime une intention contraire.

Cette disposition et le mode de louage dont nous allons parler tout à l'heure remplaceraient avantageusement les louées de fêtes de village de la Saint-Jean et de la Toussaint. Ces louées sont une véritable calamité pour l'agriculture ; les domestiques, réunis dans les cabarets, en font des espèces de clubs où ils s'excitent respectivement aux demandes les plus exagérées et les plus excentriques sur leurs gages et les libertés qu'ils doivent prendre.

La location permanente préviendrait tous ces inconvénients. Des conventions justes et sages, n'étant point troublées par ces louées tumultueuses, à époques fixes et en quelque sorte obligatoires, pourraient s'éterniser entre le maître et le domestique, au grand avantage des deux. Etant bien, aucun ne demanderait à changer.

Les époques de Saint-Jean et de Toussaint sont d'ailleurs mal choisies pour l'agriculture : la première se trouve à l'entrée de la moisson où le maître, pris par mille travaux, a besoin de s'entendre en quelque sorte en conseil de famille avec ses domestiques, pour couper, serrer, rentrer, bien et à point, les récoltes qu'ils ont produites par de communs travaux. La seconde se trouve au milieu des semailles et force le maître à continuer avec un inconnu des travaux commencés avec certaines dispositions de culture dont le succès peut être compromis s'ils ne sont pas exécutés par le nouveau venu comme les a compris le laboureur sortant.

Si le louage à l'année devait prévaloir, nous n'hésiterions pas à indiquer le premier janvier, temps de repos agricole, comme préférable à toute autre époque; et le 1er septembre au besoin, si on divisait en deux parties l'année agricole.

ART. 5.

Les arrhes dont les parties pourraient convenir seront versées et reçues à titre de pot de vin, mais ne donneront point le droit de résoudre le marché par la restitution ou l'abandon simple ou double.

Par un abus de la loi et de l'usage, encore fort peu clairs à cet égard, beaucoup de domestiques peu délicats se louent dans les assemblées à plusieurs maîtres, en se promettant d'accepter le plus offrant. Ils se débarrassent ou croient se débarrasser du premier en lui remettant ses arrhes simples ou doubles, souvent après les dernières louées, ce qui met celui-ci dans l'impossibilité de se pourvoir et lui cause le plus grave préjudice. Bien des plaintes comme maire m'ont été adressées à ce sujet. On a même constaté dans les louées des gens se louant sous des noms divers à plusieurs maîtres, sans dessein d'en servir aucun et uniquement pour escroquer les arrhes.

ART. 6.

Il y aura dans chaque commune de France un registre ouvert où les domestiques pourront se faire inscrire pour offrir leurs services, en indiquant sommairement ce qu'ils savent ou peuvent faire et le prix qu'ils désirent.

Les maîtres pourront également se faire inscrire sur ce registre en donnant les explications nécessaires sur la nature et les avantages du service qu'on pourrait prendre chez eux.

Le secrétaire de la mairie sera, sous l'inspection du maire et du conseil de prud'hommes dont on va parler ci-après, le directeur de ce bureau de placement.

Ces dispositions pourraient être ou ne pas être obligatoires; c'est là une question à examiner. Leur but est de remplacer les louées d'assemblées et d'établir une agence de placement tout à la fois morale et utile, en créant, dans un intérêt réciproque, de pacifiques relations entre les maîtres et les domestiques.

On comprend, en effet, tout ce qu'il y aurait d'avantageux pour les uns et pour les autres à trouver dans chaque mairie, sur ce registre permanent, les places à prendre et les domestiques à louer.

Art. 7.

Le conseil municipal de chaque commune désignera tous les ans, dans sa session de février, cinq de ses membres qui, par le seul effet de cette désignation, seront constitués en conseil de prud'hommes ou de famille, dont la mission sera de statuer sur toutes les difficultés qui pourront surgir entre les maîtres et les domestiques pendant la durée du service et à l'égard de ce service.

Les séances de ce conseil, qui se tiendront autant que possible le dimanche, seront permanentes. Ses réunions auront lieu sur la convocation du maire, chaque fois que le besoin s'en fera sentir, et ses décisions seront valables prises par trois membres seulement.

Nous ne déterminerons pas autrement les pouvoirs de ce conseil ; nous laisserons au législateur le soin de les limiter ou de les étendre.

En laissant au maître cette juste et loyale prépondérance qui participe tout à la fois de l'intérêt particulier et de l'intérêt général, et qui est avant tout un des plus puissants éléments de civilisation et d'ordre social, nous ne voulons pas que le domestique en soit victime ; nos instincts libéraux en seraient cruellement blessés. Sa condition utile et méritante appelle au contraire les plus grands égards. Voilà pourquoi, en admettant une réciprocité de droits et de devoirs, nous plaçons entre eux et la justice ordinaire, dont nous avons signalé plus loin les difficultés d'exécution, ce tribunal de famille, si bien posé pour juger sainement et économiquement les questions qui lui seront soumises.

Crédit foncier agricole.

Il nous reste maintenant à aborder une question qui n'est certes pas l'une des moins graves que nous nous sommes promis de traiter : nous voulons parler du crédit agricole.

Pas plus que l'industrie, l'agriculture ne peut se passer de crédit.

L'industrie, qui forme ses combinaisons et les réalise à court terme, trouve le sien dans une prompte liquidation et dans les avantages qu'elle donne au capital, en le faisant en quelque sorte participer à son œuvre par de gros intérêts. La confiance publique fait le reste.

Nous ne dirons pas comment naît, vit et périt cette confiance, qui souvent chez nous ne se produit, au détriment de l'ordre social, que par soubresauts; ce que nous constaterons, c'est que, si dans certaines circonstances les capitaux se livrent avec une étonnante facilité aux opérations les plus hasardeuses, ils hésitent, et souvent même se refusent, à s'abriter sous les garanties les mieux établies ; c'est ainsi que non-seulement l'agriculture, mais encore la propriété foncière, ont le triste privilége de mériter leurs répugnances.

Pour l'agriculture proprement dite, on comprend la difficulté du crédit : les garanties n'en peuvent pas toujours être bien appréciées, et nous ajouterons même qu'elles ne sont pas bien saisissables au point de vue de la sécurité d'un prêteur étranger au domaine exploité ; et pourtant il est si important, si nécessaire de satisfaire à ses besoins, que chacun s'ingénie à créer ce crédit à sa manière : les uns par philanthropie, d'autres, et c'est le plus grand nombre, par pure spéculation, en se servant du nom de l'agriculture, comme d'un talisman, pour établir des banques et des comptoirs qu'elle ne peut jamais aborder.

Nous avons entendu dire quelquefois que l'un des plus grands obstacles qu'avait à vaincre le crédit agricole, c'était le privilége du propriétrire résultant de l'article 2102 du Code Napoléon.

On comprend un peu cela par l'étendue de ce privilége qui donne au propriétaire un droit exclusif sur les récoltes et le prix de tout ce qui garnit la ferme pour toutes les années échues et à écheoir de la durée du bail.

Mais en supprimant entièrement cet article, n'aggraverait-on pas le mal au lieu de le guérir ?

L'agriculture est en effet tellement liée à la propriété qu'il ne leur est guère possible de vivre l'une sans l'autre, il résulterait d'ailleurs pour celle-ci, de la suppression de son privilége, un amoindrissement qui serait une véritable calamité publique : Le fermier pourrait ainsi faire, avec des bailleurs de fonds plus ou moins suspects, des entreprises de toutes sortes, et, en fin de compte, vider les lieux en abandonnant à ces bailleurs de fonds un matériel dont la ferme se trouverait veuve à l'époque d'un renouvellement de bail, au grand préjudice du propriétaire.

Ce serait, en un mot, faire en quelque sorte deux ennemis du propriétaire et du fermier, alors que leur intérêt particulier en même temps que l'intérêt général, demandent qu'ils soient toujours en parfaite harmonie de vues et de moyens pour la prospérité de l'agriculture.

Il y aurait peut-être quelques modifications à apporter à cet article 2102 du Code Napoléon en ce qui concerne le privilége du propriétaire pour toute la durée du bail.

Mais vraiment il y a là quelque chose de si délicat, qu'on ne saurait trop à quoi ni comment s'arrêter pour fixer la restriction.

Pour nous, nous cherchons en vain pour le fermier un autre prêteur que le propriétaire ; car en admettant même la réduction du privilége de celui-ci, il sera toujours et quand même un créancier redoutable pour le prêteur étranger au domaine. Nous préférons donc laisser au propriétaire ses garanties dans toute leur étendue et y chercher, au contraire, le véritable point d'appui du crédit agricole.

A qui doit en effet profiter ce crédit? Evidemment au propriétaire lui-même autant qu'au fermier ; car si pour l'un il en résulte d'abondantes récoltes, l'autre y trouve incontestablement un accroissement de valeurs territoriales.

Cela nous semble tellement vrai, qu'en présence des exigences de la production, et d'un prix croissant de revient que peuvent seules dépasser les grosses et riches récoltes, nous ne serions pas le moins du monde étonné que dans les baux à venir intervînt, comme usage, une clause obligeant le propriétaire, qui voudrait louer avantageusement, à faire à son fermier l'avance d'une somme d'argent quelconque à répartir, pour le remboursement, sur toutes les années de jouissance.

Non-seulement cette clause, qui a déjà son commencement d'exécution dans les baux à cheptel, n'aurait rien d'illicite, mais elle donnerait satisfaction à une haute question d'ordre social, en obligeant le propriétaire, ne fût-ce que par cette avance, à ne pas rester étranger à la culture de son domaine et à y participer, au contraire, d'une manière quelconque, dans l'intérêt commun et bien entendu des deux parties.

Mais pour qu'il en fût ainsi, pour que cette clause de bail, si profitable, devînt usuelle pour les gens intelligents, et, en quelque sorte, obligatoire pour tout le monde, il faudrait ouvrir à la propriété rurale elle-même un large crédit où le propriétaire gêné ou n'ayant d'autre fortune que le domaine loué, pût puiser librement, à un taux d'intérêt modéré, sans exposer le prêteur aux dangers qu'engendre notre système hypothécaire actuel et son redoutable auxiliaire *l'expropriation forcée.*

Là est toute la question.

Le crédit agricole, nous le répéterons, ne peut exister sans le crédit foncier. Les séparer, ce serait mettre le cultivateur à la merci de spéculations douteuses et lui imposer des charges hors de proportion, par le taux des intérêts et les conditions du prêt, avec les bénéfices lents et souvent incertains de l'agriculture.

Les faits prouvent d'ailleurs cette vérité, car chez nous, dans la saine pratique, le crédit agricole, plusieurs fois tenté, *n'a encore rien autre chose que le nom*, et nous en pourrions dire autant du Crédit foncier, sans beaucoup nous tromper.

Si en France il s'est formé des entreprises qui annoncent pompeusement la solution du problème, c'est tout simplement une erreur, si ce n'est pas un mensonge ; et l'appui même du gouvernement ne prouverait rien autre chose : que sa confiance et l'ardent désir de combler cette lacune en s'associant à une œuvre de si haute portée, l'expose lui-même à des erreurs et des tromperies.

Que tous les hommes d'intelligence et de savoir, aujourd'hui si loyalement interpellés par l'Empereur lui-même, portent donc leurs efforts et toute leur puissance vers le véritable crédit foncier. La propriété foncière rurale une fois mise à même de pourvoir aux besoins de l'agriculture, a trop d'intérêt à ses progrès et à ses développements pour manquer à cette divine mission.

Les deux principales conditions de ce crédit devront être : un compte-courant permanent avec remboursement facultatif pour l'emprunteur pendant huit ans au moins, représentant deux périodes culturales de l'assolement le plus en usage, et, pour plus de facilité encore, un intérêt, se cumulant annuellement avec le principal en recette et en dépense, de trois pour cent, égal à peu près au revenu net de la propriété foncière, à part l'industrie agricole de l'exploitation.

Ces deux conditions seront aussi, nous le craignons bien, les deux plus grands obstacles qu'on aura à vaincre, dans un moment surtout où les capitaux prennent chez nous une si prodigieuse activité et visent incessamment, sans autrement s'inquiéter de l'avenir, à de gros et prompts bénéfices.

Nous ne croyons pourtant pas la chose impossible; cela dépendra de la formation de l'établissement de crédit et des secours d'argent ou de valeurs qu'on mettra à sa disposition, soit qu'il émane du gouvernement, agissant seul ou avec l'aide des comptoirs nationaux et de la Banque de France, soit qu'il soit confié, avec son appui, à d'autres entreprises particulières.

Essayons d'abord de poser les garanties sous lesquelles pourrait se produire ce crédit foncier agricole, sauf à revenir plus tard sur les autres moyens d'action.

Et qu'on nous permette, en le supposant aux mains du gouvernement, de reprendre encore les formules de la loi. Ces détails peuvent être fort ennuyeuxpour le lecteur, nous le comprenons, mais nous sommes tellement dominé par le sentiment pratique que nous craindrions de ne pas faire autrement comprendre la question.

ART. 1er.

Il sera établi au ministère des finances un service spécial qui prendra pour titre :

CAISSE GÉNÉRALE DE GARANTIE
du crédit de la propriété foncière rurale.

ART. 2.

Le but de cette institution est d'ouvrir à la propriété rurale, et par contre à l'agriculture, un crédit permanent dont le chiffre se règlera sur les valeurs hypothécaires qu'elle fournira.

ART. 3.

Tout propriétaire qui voudra s'ouvrir un crédit à cette caisse générale de garantie devra produire d'abord :

1° L'état exact et détaillé, avec estimation faite de bonne foi, article par article, des biens sur lesquels il voudra appuyer son crédit. Cet état sera fait par acte devant notaire et contiendra la *mouvance* de trente ans et plus, absolument comme si c'était un acte translatif de propriété.

2° Tous les titres établissant d'une manière incontestable son droit à la propriété desdits biens.

ART. 4.

L'état et les titres dont il est parlé à l'article précédent seront déposés par le propriétaire, ou son fondé de pouvoirs, après qu'il les aura certifiés sincères et véritables, entre les mains du président du tribunal civil de l'arrondissement de la situation des biens.

Ce magistrat, au reçu des pièces, réunira en commission, dans son cabinet, par lettres closes et chargées, le juge de paix du canton de la situation des biens, le président de la chambre des notaires de l'arrondissement et le président de la chambre des avoués.

Cette commission, assistée du greffier du tribunal civil, vérifiera les titres et la sincérité des déclarations de l'impétrant.

Si ces déclarations sont exactes et les titres en règle, la commission y donnera son approbation en ces termes : *Vu et approuvé*.

Dans le cas contraire, les pièces seront remises à l'impétrant pour les faire régulariser.

S'il n'y a de contradiction que sur l'estimation des biens, celle de la commission d'examen prévaudra et servira de base au crédit. Le visa, dont le greffier dressera acte, en fera mention.

Ces formalités devront s'effectuer dans le mois de la remise des pièces.

ART. 5.

Les pièces ainsi produites et dûment régularisées, seront déposées au greffe du tribunal civil, où l'impétrant sera appelé, par lettre close et chargée, signée du greffier, à l'effet d'y faire la déclaration suivante :

« Je soussigné (nom, prénom, profession et demeure), « déclare hypothéquer au profit de la caisse de garantie du « crédit de la propriété rurale, tous les biens détaillés et « estimés en l'état dressé par acte de M^e....., notaire à....., « le....., dûment enregistré, et déposé au greffe du tribunal « civil (avec ou sans rectification) suivant procès-verbal du « greffier en date du....., et ce, pour sûreté du crédit à ouvrir « à mon profit à ladite caisse jusqu'à concurrence de..... »

Le greffier du tribunal civil déposera immédiatement au bureau des hypothèques, dûment visées par le président du tribunal :

1° Copie de la déclaration ci-dessus et du procès-verbal de la commission de vérification, dont les minutes lui resteront.

2° L'expédition de l'état notarié de la désignation des biens.

Le conservateur transcrira immédiatement ces pièces sur ses registres, et cette transcription, suivie des formalités de purge légale, vaudra non-seulement hypothèque en faveur de la caisse de crédit, sans qu'il soit besoin de prendre ni de renouveler jamais aucune inscription, mais encore soumettra dès lors les biens affectés à une espèce d'*antichrèse* qui donnera à cette caisse le droit de les vendre dans le cas et de la manière qui vont être ci-après prescrits, sans avoir à se préoccuper des inscriptions, créances et droits dont lesdits biens pourraient être postérieurement frappés, volontairement ou judiciairement; les tiers ne devant en cette circonstance exercer leurs droits qu'après que la caisse aura été intégralement remplie de ses avances en principal, intérêts et frais. Toute hypothèque créée ou survenue postérieurement à celle de la caisse du crédit ne grèvera en un mot les biens de l'emprunteur que pour ce qui excèdera, dans leur prix, la créance intégrale de cette caisse.

Et même en cas de vente de tout ou partie des immeubles affectés au crédit, soit volontairement, soit judiciairement, cette vente ne devra produire d'effets qu'autant qu'il sera versé l'intégralité, sans aucuns frais pour la caisse, de la somme due à celle-ci. En cas contraire la vente sera nulle et de nul effet et les frais qui y auront donné lieu supportés par les contractants ou poursuivants.

Cette disposition, qui nous semble parfaitement licite, aurait pour but de mettre la caisse générale de crédit à l'abri de toutes tracasseries de procédure, et ne blesserait en rien les droits des tiers, puisqu'ils seront, par les registres hypothécaires, à même de connaître, avant de traiter, la situation de leur débiteur.

Art. 6.

La garantie hypothécaire ainsi régularisée, le conservateur des hypothèques adressera les pièces qui lui auront été déposées, au receveur général du département avec un état des inscriptions, s'il en existe, grevant les biens soumis au crédit.

Si les sommes assurées par ces inscriptions dépassent la moitié du prix des biens hypothéqués au crédit, il ne pourra être ouvert qu'après qu'elles auront été au moins réduites à ce chiffre. Ainsi réduites le remboursement s'en effectuera sur les premiers fonds versés.

Dans le cas contraire, le crédit sera immédiatement ouvert.

ART. 7.

L'inscription de l'ouverture de crédit se fera dans chaque département sur un gros livre spécial, contenant, dans un ordre numérique, rigoureusement observé, les nom, prénom, profession et demeure de l'emprunteur, la désignation sommaire et en bloc des biens affectés et le chiffre du crédit.

Ce crédit, en principal et intérêts, comme ils vont être ci-après déterminés, ne pourra jamais excéder les deux tiers de la valeur des biens hypothéqués à sa sûreté.

ART. 8.

Le crédit une fois ouvert, l'emprunteur en usera à sa volonté et selon ses besoins, par grosses ou petites sommes, sans toutefois que la moindre soit au-dessous de cent francs.

Il s'établira dès lors, par l'intermédiaire du receveur général, entre le ministère des finances et l'emprunteur, un compte courant, qui se composera pour ce dernier : en passif, de toutes les sommes ou valeurs qui lui auront été versées, et en actif, des à-compte qu'il pourra payer.

L'intérêt à trois pour cent l'an sera compris dans ce compte sur toutes les sommes actives et passives, en recettes comme en dépense, et sera annuellement capitalisé et productif lui-même d'intérêt.

ART. 9.

Ce compte ainsi établi restera ouvert pendant *huit ans*, à

moins que l'emprunteur ne juge convenable de se liquider avant cette époque

Ce terme de huit années pourrait être plus ou moins long. En le fixant ainsi nous avons voulu y renfermer deux périodes de l'assolement de quatre ans, qui est le plus usuel.

ART. 10.

Si l'emprunteur, par suite des versements à lui faits et des intérêts cumulés, laissait dépasser la limite de son crédit, il sera tenu, sur une simple sommation qui lui sera faite par acte extra-judiciaire, et dans le mois au plus tard de cette sommation, de rétablir cette limite et de verser en outre, dans ce cas, à l'avance, une année d'intérêt de tout ce qu'il devra, en renouvelant ainsi annuellement, s'il croyait avantageux pour lui, par une circonstance quelconque, de laisser son crédit au chiffre extrême jusqu'à la liquidation finale.

Faute par l'emprunteur d'obéir à cette sommation, le capital par lui dû deviendra exigible de plein droit.

Le temps du remboursement arrivé par l'expiration du terme ou pour inexécution, l'empunteur, sur un simple commandement, devra se libérer dans la huitaine.

Faute par lui d'obéir à ce commandement, il sera prévenu, par un autre acte extra-judiciaire, que n'ayant pas rempli ses obligations, la vente des biens hypothéqués aura lieu le.... (ce jour, qui devra être entre un et deux mois, sera indiqué par le président du tribunal sur simple requête) devant le tribunal civil de l'arrondissement de leur situation, après apposition d'affiches et publications faites par trois dimanches consécutifs au chef-lieu d'arrondissement et dans les communes où les biens sont situés.

ART. 11.

La mise à prix des biens à vendre sera égale au moins à la somme due à la caisse de crédit, en principal, intérêts et frais.

Si ce prix n'est pas couvert à l'adjudication, la vente sera remise par le poursuivant à une époque plus opportune, qui sera indiquée par de nouvelles et simples affiches et publications.

ART. 12.

L'adjudicataire devra payer dans le mois, sur le prix de son adjudication, tout ce qui sera dû en principal, intérêts et frais à la caisse de crédit, et ce sur la simple quittance du Receveur général du département, sans autre formalité.

Il aura un délai de quatre mois pour payer le surplus du prix de son adjudication, qu'il versera au propriétaire emprunteur ou à ses ayants droit; et en cas d'empêchements, à la caisse des consignations pour être distribué à qui de droit.

L'acquéreur fera transcrire son jugement d'adjudication au bureau des hypothèques conformément à la loi, mais la caisse de crédit restera étrangère à cette formalité, qui ne sera faite que dans l'intérêt de l'adjudicataire et pour le règlemeut légal des droits des créanciers postérieurs.

Billets Hypothécaires.

Nous venons de créer, à notre manière, le crédit foncier agricole: Une simple et facile modification de notre système hypothécaire et des formalités du code de procédure touchant l'expropriation forcée, suffirait pour le mettre en pleine activité.

Mais nous aurions évidemment bâti sur le sable, si notre travail en restait où nous venons de le laisser ; et c'est à dessein, pour nous en occuper spécialement ici, que nous avons éludé la question capitale, la question *argent.*

Avec quoi, en effet, l'Etat, pourrait-il faire face aux crédits ouverts par cette loi, et qui s'élèveraient, peut-être, à plusieurs milliards?

Il faut, avant de répondre à cette question, constater le progrès de nos mœurs en matière de finances.

Si nous ne sommes pas encore sortis des fâcheuses préventions d'une autre époque, où tout ce qui n'était pas *or* ou *argent* était considéré comme valeur de mauvais aloi, grâce à l'instruction générale, qui, espérons-le, s'étendra chaque jour de plus en plus sur le terrain des connaissances utiles, on s'attache aujourd'hui moins à la forme et à la matière du signe monétaire qu'à sa valeur réelle. L'accueil fait aux billets de banque, et à une foule d'autres valeurs fiduciaires, en est une incontestable preuve.

Qui donc empêcherait qu'il fût créé une nouvelle valeur, sous forme de billets au porteur, représentant le crédit dont nous venons d'indiquer la création? Si la chose n'est que simplement difficile, empressons-nous de nous mettre à l'œuvre et d'écarter les obstacles, car elle arriverait ainsi à produire ce fertile et prodigieux effet de permettre au propriétaire de tenir son domaine en portefeuille, de même, et d'une manière moins trompeuse, que le négociant y tient sa fortune mobilière réelle, et souvent même supposée.

Ces billets, nous le demandons, appuyés par hypothèque sur un gage immuable, ne donneraient-ils pas au porteur une sécurité exceptionnelle, d'autant plus parfaite que la propriété foncière étant le fondement le plus solide et le plus stable de la prospérité et de la grandeur de la nation, sa dette serait respectée comme elle-même en cas de révolution, et cela par politique et par intérêt, pour la révolution elle-même, qui, quelque absolue qu'elle fût, ne pourrait faire un pas sans s'appuyer sur cet utile auxiliaire, en lui laissant toute sa puissance d'action.

En pourrait-on dire autant des autres valeurs circulantes, que la mobilité de leurs garanties rend forcément accessibles aux moindres commotions politiques, qui trop souvent les affaiblissent et même les tuent, au grand détriment du crédit et de l'ordre publics?

Et l'or même de la banque de France, amoncelé dans ses caves, inactif et insuffisant, eu égard à ses émissions, présente-t-il une garantie aussi solide? Cela est au moins douteux.

Quel grave inconvénient trouverait-on dans l'émission, même forcée, de ces billets fonciers, concurremment avec la monnaie métallique? Aucun selon nous. Celle-ci, au contraire, bien insuffisante pour nos transactions actuelles et, à *fortiori*, pour celles à venir, pourrait s'étendre davantage sur nos conventions internationales tandis que les billets suppléeraient à l'intérieur, au besoin, à cette insuffisance.

Nous avons vu, à une époque néfaste de notre histoire, le cours forcé du papier-monnaie marqué d'une grande réprobation ; mais nos mœurs à cet égard, nous l'avons déjà dit, ne sont-elles pas changées?

Et que prouve d'ailleurs, pour le papier-monnaie, qui a sauvé maintes nations d'un évident péril, ce qui s'est passé chez nous, sinon que l'odieux venait de ce que *la planche*, sans garantie précise, était placée entre les mains d'hommes agissant arbitrairement, sans autres limites que leurs propres conceptions ?

Dans la création que nous indiquons, *la planche trop célèbre de Cambon* ne serait nullement à redouter ; car dans l'émission de nos billets de Crédit foncier, nous ne voulons donner au gouvernement d'autre pouvoir que de régulariser sans créer ; que de mettre en œuvre un fait, ayant des sûretés particulières et vérifiables, et indépendant de sa volonté, la loi une fois rendue.

Nous trouvons dans l'hypothèque, comme nous venons d'en simplifier le fonctionnement, un tel avantage que nous ne serions point effrayé de la voir s'étendre ainsi sur toutes les propriétés foncières quelconques, comme base principale du crédit général. La banque de France y perdrait sans doute de son importance, mais dût-elle y succomber, que le bien dépasserait peut-être encore le mal.

Pourtant nous devons avouer notre profonde insuffisance en matière de finances, et surtout à l'égard des lois physiques et morales de la circulation, ou plutôt, du signe monétaire qui la vivifie.

Quelle perturbation pourrait faire naître, dans le monde commercial, l'émission spontanée et facile d'une somme énorme de valeurs courantes?

Voilà une question qui offre peut-être quelque danger qu'il nous serait difficile d'expliquer. Nous en laissons à d'autres la solution.

Mais si les inconvénients étaient plus graves que nous ne le supposons, nous ne voyons pas pour cela l'impossibilité de donner suite à notre projet. Il s'agirait alors de se restreindre à des besoins *spécifiés* de l'agriculture, représentés par des valeurs n'ayant qu'une circulation conventionnelle et facultative, au remboursement desquelles pourraient peut-être satisfaire, au besoin, les entreprises particulières, notamment la banque de France, avec l'aide de l'Etat et aussi du capital d'intérêts cumulés, auquel nous n'avons pas encore donné d'emploi.

Dans notre pensée d'un cours forcé, pacifiquement praticable, nous donnerions à ces intérêts cumulés dans la caisse de l'État, et qui sont une juste indemnité du service rendu à l'emprunteur, une bien plus haute portée : nous les destinerions, dans ce cas, à diminuer, de toute leur valeur, l'impôt de la propriété rurale ; et c'est pour nous encore une satisfaction de prolonger cette pensée.

Ce n'est là après tout de notre part qu'un appel fait aux hommes compétents sur l'efficacité des moyens à mettre en œuvre pour un établissement de crédit qu'on ne peut plus différer.

Conclusion.

En donnant dans ce travail une large place à l'organisation de l'agriculture, nous avons voulu couper court à ces discoureurs et donneurs d'avis quand même, à ces réputations, petites et grandes, si souvent usurpées que c'est rendre service à nos jeunes collègues de leur dire : ne croyez aux meilleures qu'après avoir *vu de vos yeux vu*. Nous avons voulu substituer le fait, à la fiction, écarter le doute, toujours funeste, et remplir enfin une lacune qui, à nos yeux, est pour l'agriculture une permanente cause de désordre et de souffrance.

Les Comices, heureusement transformés, en passant d'une impuissance, qu'on ne peut nier, à une vie active et féconde, sous l'assistance d'hommes spéciaux, savants et distingués ; et les efforts de tous régularisés par le grand moteur de la pratique, fonctionnant dans la ferme régionale d'arrondissement, nous semblent les moyens d'action les plus propres pour porter, le crédit aidant, les progrès de l'agriculture à leur plus haute puissance.

Nous disons, le crédit aidant, parce qu'en effet rien dans la vie sociale, ne marche de soi-même et que le crédit est, sous une forme ou sous une autre, le trait d'union entre l'homme et ses besoins et le mobile forcé des transactions.

En l'appuyant sur la propriété foncière, qui est la clef de voûte de l'édifice social et tout aussi impérissable que la société elle-même, nous l'avons évidemment placé sur sa véritable base. Les combinaisons que nous avons formées peuvent être vicieuses et susceptibles de grandes modifications, nous sommes loin de le nier et nous appelons au contraire sur elles de tous nos efforts la lumière de la discussion, mais nous restons convaincu qu'il y a dans la solidarité d'action de la propriété foncière et de l'agriculture un point essentiel, un foyer commun d'où rayonneront un jour ou l'autre tous les progrès sociaux et humanitaires, et que ce n'est que par leurs efforts réunis qu'elles peuvent prévenir l'amoindrissement dont elles sont menacées par le jeu déréglé des valeurs mobilières.

Créer une institution qui, en cimentant cette union de la propriété foncière et de l'agriculture, leur fournirait les moyens de porter leur puissance d'action à son niveau matériel et moral, ce serait, en même temps, créer la véritable richesse nationale ;

Ce serait fertiliser ces plaines incultes, dont l'œil est encore attristé en parcourant nos campagnes, et demander à la terre, qui, on le sait, donne à peine aujourd'hui *le tiers de ses produits,* faute de bras et de véritables aptitudes agricoles, de se récupérer de cette perte cruelle en faveur de cette population nécessiteuse qui grelotte encore dans nos villes, blêmie par la fatigue et les privations de toutes sortes ;

Ce serait appeler, par un travail modéré et sagement rémunérateur, le trop plein des villes, et suppléer ainsi à ces bureaux de charité, évidemment nés de nos meilleurs sentiments, mais qui se multiplient chez nous d'une manière effrayante, distribuant l'aumône, sous mille formes, en entretenant souvent, par le désœuvrement, la misère au lieu de la combattre. Bureaux de charité qui, disons-le en passant, sont bien loin de l'esprit de la loi qui les a créés, puisque le législateur ne leur avait donné *qu'une durée de six mois*, tant il avait peur, en satisfaisant un besoin extrême, de légaliser la mendicité, que doit repousser tout bon gouvernement, sous quelque forme qu'elle se produise (loi du 7 frimaire an V).

Ce serait enfin créer *un utile lendemain* pour cette société moderne, qui semble si peu y songer, vivant au jour le jour, absorbée par une soif inextinguible d'or et de vanité, qui n'apporte ni paix ni bonheur pour personne, interrogez chacun de ses membres, qu'il couche à l'ombre des lambris dorés ou dorme sous le chaume.

Le crédit que nous demandons qui ne serait d'ailleurs qu'une juste compensation des charges considérables dont la propriété foncière est grevée, comparativement aux valeurs mobilières, ferait tout cela et plus encore : il aiderait l'individualité, toujours trop craintive et insuffisante d'ailleurs à sanctionner les grandes mesures, en rendant possible, *par l'association*, les grandes entreprises agricoles et foncières, opérant sur les deux choses à la fois ou sur chacune d'elles séparément.

Une fois la spéculation engagée dans cette voie, avons-nous besoin de dire quels vastes horizons s'ouvriraient devant l'agriculture.

Qui donc, en définitive, nous barre le passage, à nous propriétaires et agriculteurs, dans le grand mouvement social qui s'opère sous nos yeux, et qui ne peut, en somme, arriver à bien qu'avec nous ?

Empressons-nous donc de sortir de notre apathie habituelle, serrons nos rangs, et peut-être, en nous mettant à l'œuvre, ne trouverons-nous que des pygmées là où nous pensions avoir à combattre des géants.

Un vigoureux orateur de ces temps d'orage que nous voulons voir à toujours bannis du sol de la France, lançait un jour du haut de la tribune, en désignant certain groupe d'hommes qui, refusant de s'incliner devant la liberté naissante, lui créait mille obstacles, ces paroles de haute portée :

Ils ne sont grands que parce que nous sommes à genoux. Levons-nous !

Levons-nous ! dirons-nous aussi, mais plus pacifiquement, à ce peuple de cultivateurs, qui, il y a moins d'un siècle, rampait encore dans les bas-fonds de la plèbe, courbé sous le regard dédaigneux du dernier citadin, qu'il faisait pourtant vivre de ses sueurs ; *Levons-nous* ! non contre les hommes nos semblables, car, Dieu merci, l'intelligence humaine est déjà assez élevée en France pour qu'il nous soit permis de comprendre que les erreurs ne sont pas des crimes et que le glaive ne résout les questions qu'en laissant à la haine le droit de les faire revivre ; mais levons-nous contre l'ignorance et la misère, ces deux grands ennemis du progrès, dont la dangereuse puissance d'inertie est encore trop souvent la cause ou le prétexte d'un pernicieux temps d'arrêt, barrant le passage aux meilleures idées.

Devant nous se pose aujourd'hui un grand problème qu'on peut formuler par ce dilemme :

L'aisance par l'instruction,
L'instruction par l'aisance.

Du premier point, l'honorable Monsieur Duruy, l'éminent ministre de l'instruction publique, s'est emparé avec un zèle qu'il ne faut pas seulement louer mais admirer. L'instruction, dit-il, l'instruction partout, et l'aisance viendra *à tous*. Mais un obstacle se présente : Le père de famille retient son enfant sans lequel *la fournée*, le pain quotidien, lui manquerait. C'est là que le second point tombe dans le domaine de l'agriculture protégée et améliorée ; agissez de telle manière... dirons-nous à ce père, et l'aisance vous viendra ; et l'aisance, répéterons-nous à notre tour, l'aisance partout, aura bientôt rougi de l'ignorance et sera la première à réclamer les bienfaits de l'instruction.

Si l'émancipation du peuple alarme quelques égoïstes, qui

doivent tout ce qu'ils sont à une instruction qu'ils refusent aux autres, laissons-les se débattre avec leur conscience ; mais rassurons ces hommes timorés qui croient de bonne foi la société perdue du moment que le travailleur s'élève au-dessus du niveau, qui, dans leur esprit étroit, lui est fatalement assigné. Disons-leur qu'ils soient sans crainte ; que la charrue ne restera point inactive parce que le laboureur parlera de sa profession en de meilleurs et plus justes termes ; parce que l'ouvrier connaîtra mieux la loi qui détermine ses droits et ses devoirs ; qu'il la raisonnera, en discutera même l'application et la portée...

A nos yeux c'est le contraire qui arrivera : Le travail se fera mieux, plus complet et avec moins de difficultés, par cette raison, toute simple et pourtant essentielle, que, basé sur une réciprocité de droits et de devoirs, ces droits et ces devoirs seront également compris, et par conséquent mieux respectés. Ce qui occasionne l'indiscipline et la révolte chez l'ouvrier, ne vient que de son ignorance, qui lui fait voir de l'arbitraire là où se trouve la simple application d'une loi édictée dans un intérêt commun.

Aux impatients, à ceux qui voient dans des faits isolés l'abandon des champs et le péril de l'ordre social, nous dirons : attendez : Il faut à toute grande mesure le temps de l'incubation. Ne confondez pas le présent avec l'avenir, le savoir de tous avec le demi-savoir de quelques-uns. Ceux-ci d'ailleurs ne font les pédants, ne se livrent, de nos jours, aux débauches de l'esprit, que parce qu'ils sont à peu près certains de rencontrer un auditoire aveugle qu'ils domineront aisément. — C'est toujours l'histoire de ceux qui se croient grands parce que les autres sont à genoux. — Mais éclairez tout le monde, le pédant sera hué et l'ouvrier laborieux, ne se trouvant ni dominant ni dominé *autrement que par la loi*, reprendra son travail avec plus d'aptitude selon sa condition et selon sa convention.

Nous ne voyons donc là pour notre compte que du bien et point de mal, et nous n'avons réellement, à l'endroit de cette sage mesure, d'autre peur que de ne pas jouir, à cause de notre âge, du bonheur qui en résultera pour la nouvelle génération.

Si nous rentrons dans le fond de la question agricole, à laquelle la propagation de l'instruction ne saurait que venir largement en aide, nous dirons, en nous résumant, que répéter sans cesse et sur tous les tons que l'agriculture souffre, qu'elle manque de bras et de capitaux, c'est tourner le couteau dans la plaie au lieu de la panser ; que tout cela est depuis longtemps évident pour tout le monde, et que ce n'est plus du mal, mais du remède, qu'il faut se préoccuper, dans la mesure du possible.

On dit que les campagnes sont dépeuplées, c'est une erreur ; seulement la population ordinaire y est devenue insuffisante, parce que les travaux s'y sont accrus. Si les bras n'ont pas suivi ce n'est pas seulement parce qu'ils se trouvent ailleurs mieux rétribués, car beaucoup de gens aiment la vie simple et économique de la campagne, c'est parce qu'on ne fait rien pour les y appeler. Eh bien, dirons-nous aux propriétaires, qui le peuvent faire, si les bras manquent dans vos champs, commencez par y construire des habitations, elles se rempliront bientôt de travailleurs ; et ce n'est pas là un avis frivole que nous vous donnons, car, homme pratique avant tout, nous avons nous-même déjà tenté l'œuvre en faisant construire dans des champs isolés, où le besoin s'en faisait sentir, un certain nombre d'habitations à usage de vigneron et de laboureur, et nous n'avons qu'à nous en applaudir.

Peupler les campagnes, même aux dépens des villes, tant le besoin s'en fait sentir, est une de nos pensées intimes, que nous voudrions voir partagée par tout le monde. Encourager les constructions par une dispense d'impôts plus étendue que celle de trois ans portée dans la loi des finances, et créer même des primes spéciales, qui permettraient au constructeur de faire une place plus large aux nouveaux venus, serait déjà un grand pas de fait dans la question du repeuplement des campagnes.

Et en somme à quoi tout cela tient-il ?

Le gouvernement ne ferait en réalité aucun sacrifice et gagnerait au contraire pour l'avenir un accroissement d'impôts, et, quant au propriétaire, son domaine s'en trouverait augmenté en fond et en fertilité. A combien de dépenses moins utiles nous obligent certaines exigences sociales, qui ne sont pas toujours justifiées ?

Nous voudrions voir aussi arriver dans nos campagnes les établissements industriels, ceux surtout, et le nombre en est grand, qui vivent des produits de l'agriculture. Il y aurait là pour eux, ce nous semble, grande économie dans le loyer des machines et des matières premières, toujours très-encombrantes, et, ce qui vaudrait mieux encore, plus d'assiduité dans le travail, plus de moralité dans le travailleur.

Supposons, par exemple, l'usine au milieu des champs... de Sologne, si vous voulez. Les ouvriers logés aux environs, dans des habitations simples, mais commodes, avec un jardin assez [illegible] pour fournir aux petits besoins du ménage, relativement importants.

Supposons même le nombre de ces ouvriers au delà de celui nécessaire à la fabrique, — nous serions nous tenté de le doubler,—et permettons à certains, si ce n'est à tous, d'alterner les travaux de cette fabrique avec des travaux agricoles, qui ne satisferaient plus seulement aux petits besoins, mais à tous les besoins matériels du ménage, le travail industriel devant faire office de caisse d'épargnes et pourvoir aux autres exigences de la vie.

Ne trouverait-on pas dans ce tableau, qui sera peut-être plus contesté que contestable, quelque chose de mieux que ce qui se passe sous nos yeux dans les villes, où les ouvriers, généralement mal logés et sans cesse exposés à mille tentations, se livrent trop souvent à la débauche, deviennent remuants et quelquefois même inquiétants pour la paix publique ; non pas seulement à cause de leur désœuvrement, mais parce qu'ils sont presque toujours au-dessous des besoins les plus impérieux de la vie, malgré des salaires dont le chiffre s'accroît incessamment jusqu'aux limites du possible ?

Les ouvriers prendraient naturellement dans nos villages des habitudes d'économie qui leur sont inconnues dans les villes ; et en liant ainsi l'usine à la terre,—qui ne demande que quelques coups de bêche intelligemment donnés pour nourrir son travailleur, — on amènerait successivement du bien-être partout.

Et le bien-être partout, on le comprend, c'est le vrai, le meilleur progrès ; c'est la révolution pacifique comme nous la voulons désormais ; la paix dans le travail intelligent et modéré ; l'amoindrissement, sinon la suppression, de cet appareil formidable de répression qui dévore les trois quarts de nos budgets; la paix partout enfin, sans les fusils plus ou moins à aiguilles, que nous verrions avec le plus grand bonheur se fondre et transformer en socs de charrue.

Les associations agricoles et foncières peuvent opérer ces prodiges ; et si on veut que de nos jours ce ne soit encore qu'une utopie, qu'on nous laisse au moins la satisfaction de croire qu'elle ne sera pas éternelle.

Des orphelinats, et surtout des établissements de nourrices, seraient encore admirablement placés dans nos campagnes.

Qui de nous n'a pas mille fois gémi sur le sort réservé à ces pauvres enfants, qui, dès leur entrée dans la vie, sont séparés du sein maternel et, qui pis est, confiés à des nourrices mercenaires qui trop souvent n'ont pas d'autres titres à remplacer leurs mères que la misère, la paresse ou la débauche; ce qui explique assez clairement l'effrayante mortalité que constate l'inexorable statistique.

On doit compte sans doute à l'administration des efforts qu'elle fait pour amoindrir le mal, mais la position est forcée : La misère seule est sur les rangs, et la nourrice ne prend le nourrisson, qui a tant besoin d'être secouru, que pour en tirer un secours pour elle-même, en écornant le plus possible, à son profit personnel, la rétribution mensuelle déjà insuffisante.

Une exploitation agricole, où nourrices et nourrissons seraient logés et surveillés, en trouvant à portée le lait de vache ou de chèvre et toutes les autres choses nécessaires, pourrait seule obvier à tous ces inconvénients et conserver à la France un grand nombre de citoyens, dont, par incurie, elle se trouve privée.

Ce n'est pas là pour nous une idée nouvelle ; car dès 1846, attristé de voir aux mains de nos plus malheureuses *locaturières* des nourrissons qu'une épouvantable mortalité renouvelait *plusieurs fois par an*, nous eûmes l'idée de créer chez nous-même un pareil établissement. L'honorable M. Dubois, doyen de la faculté de médecine de Paris, consulté, souriait à ce projet, qui fut, de son avis, soumis comme point de départ au directeur général de l'assistance publique. Mais là nous trouvâmes une administration satisfaite de la régularité de son fonctionnement, — ce qui ne préjugeait rien sur la mortalité que nous signalions,—et l'affaire en resta là. Les innovations, du reste, étaient à cette époque fort difficiles. Aujourd'hui, il y a plus sans doute à espérer, et c'est une mesure humanitaire que nous ne saurions trop recommander.

Mais qu'on nous passe ces digressions, auxquelles nous pourrions donner une très-grande étendue, et revenons au mal présent.

Si l'agriculture, qui ne doit jamais avoir d'ennemis, n'en compte pas plus aujourd'hui qu'hier, il faut convenir pourtant que l'espèce d'engouement dont les valeurs mobilières sont aujourd'hui l'objet, lui fait courir les plus graves dangers.

Il ne peut-être question, sans doute, de déclarer la guerre à ces valeurs, qui en somme sont le plus puissant véhicule de la richesse publique, mais il est indispensable de faire reprendre à l'agriculture son rang, qui est évidemment le premier, afin qu'elle ne soit ni absorbée, ni même amoindrie, si on veut que le bien-être général — qui semble être le but de tous — repose sur une base vraie et durable.

Unie à la propriété foncière, qui souffre comme elle et du même mal, elles peuvent assurément constituer à elles deux une force incommensurable ; mais au milieu de ce mouvement, de ce besoin d'affaires, qui caractérise notre époque, cette force ne doit pas rester inerte : elles ne peuvent plus, ni l'une ni l'autre, vivre de leur vie habituelle, il faut *nécessairement*, pour ne pas succomber dans la lutte, qu'elles prennent aussi leur part du mouvement, en arrivant dans les transactions sous formes *de valeurs commerciales facilement transmissibles.* Là est toute la question, on la cherchera vainement ailleurs.

Avons-nous trouvé une solution dans les formules de crédit que nous avons posées? nous n'osons le dire, mais si nous nous sommes trompé, admettra-t-on qu'au milieu de ce faisceau de lumières qui distingue notre siècle, il ne se rencontrera personne pour l'indiquer?

Nous avouons franchement nos défiances à l'endroit de ces grandes enquêtes, dont l'instruction n'a pas encore assez frayé le chemin aux plus intéressés, et qui, par cette raison, ne disent souvent rien autre chose que ce que chacun veut y voir; mais nous espérons pourtant que de celle ouverte en ce moment devant le pays, et que le gouvernement à entourée de soins aussi minutieux qu'éclairés, sortira au moins pour le monde agricole une agitation salutaire, qui ne restera point veuve de bons résultats.

L'agriculture, nous ne saurions trop le répéter, quelque humble qu'elle soit, n'en est pas moins le plus sûr et le meilleur régulateur de la machine gouvernementale, le foyer des forces vives de la nation, si elle n'est encore appréciée, à sa juste valeur, que par un petit nombre, il est incontestable que tout le monde sent sa puissance, et la preuve c'est qu'en France rien de durable,—les gouvernements comme autre chose, —ne saurait s'établir sans son appui, sans lui tendre cordialement la main, comme à un auxiliaire indispensable.

Ajoutons que, profession libérale par excellence, amie des sciences et des arts utiles, et même d'agrément, si elle était rendue fructueuse et accessible par une protection soutenue, arriveraient bientôt dans ses rangs les hommes de cœur et d'intelligence, qui aiment à vivre honorablement et sans faste, en dépensant leur courage à ramer sur le vaisseau de la civilisation contre les mauvais courants qui l'entraînent incessamment à la dérive.

La laisser dans l'oubli, dans cet état précaire et relativement souffreteux que nous connaissons, serait évidemment une grande faute, et différer le remède ne fera qu'augmenter le mal, sinon le rendre incurable.

Il n'en sera pas ainsi, nous aimons à nous le persuader, sous un gouvernement dont les plus vives aspirations, — il en a donné mille preuves, — vont droit au possible pour le bien-être des masses, et en présence surtout de ce grand capital foncier, qui, triste et étonné, comme l'agriculture, de son délaissement, ne demande qu'à être provoqué pour répandre à profusion sur tout le monde les richesses, vraies et infinies, qu'il renferme, en les faisant arriver sans efforts jusque sous le plus humble toit.

Demandons donc en terminant, comme *pressé et possible*, pour l'agriculture :

1° *Des agriculteurs sérieux*. Une bonne organisation les fera facilement naître.

2° *Un crédit permanent* relevant de la propriété foncière, qui ne demandera pas mieux que de s'y prêter.

3° *L'instruction*, qui déjà en marche ne reculera certainement pas.

Le reste suivra, sans qu'on s'en occupe, par le mouvement ascensionnel qui pousse les générations vers le vrai et le bien, et avec l'aide de Dieu, qui, tout en nous soumettant aux plus rudes épreuves, ne nous oublie jamais, quand, pénétrés de ses sublimes enseignements, nous implorons sa protection.

FIN.

TABLE DES MATIÈRES

Blois. — Imp. DUFRESNE.

www.ingramcontent.com/pod-product-compliance
Ingram Content Group UK Ltd.
Pitfield, Milton Keynes, MK11 3LW, UK
UKHW021821190726
13853UKWH00003B/1102